为什么有些伤总是放不下

与 童 年 的 自 己 和 解

The Everything Parent's Guide to Emotional Intelligence in Children

[美] 克罗尔·坎诺伊（Korrel Kanoy） 著

李乔 译

北京时代华文书局

图书在版编目（CIP）数据

为什么有些伤总是放不下 / (美) 克罗尔·坎诺伊著；
李乔译 .-- 北京 : 北京时代华文书局 , 2020.7
书名原文 : THE EVERYTHING PARENT' S GUIDE TO
EMOTIONAL INTELLIGENCE IN CHILDREN: How to Raise
Children Who Are Caring, Resilient, and
Emotionally Strong
ISBN 978-7-5699-3772-5

Ⅰ . ①为… Ⅱ . ①克… ②李… Ⅲ . ①儿童心理学
Ⅳ . ① B844.1

中国版本图书馆 CIP 数据核字 (2020) 第 108958 号

著作权合同登记号：01-2020-1416

为什么有些伤总是放不下

WEISHENME YOUXIE SHANG ZONGSHI FANGBUXIA

著　　者 | ［美］克罗尔·坎诺伊
出 版 人 | 陈　涛
选题策划 | 薛纪雨　刘昭远
责任编辑 | 徐敏峰　黄　琴
装帧设计 | 斑鸠子
责任印制 | 郝　旺
出版发行 | 北京时代华文书局 http://www.bjsdsj.com.cn
　　　　　北京市东城区安定门外大街 136 号皇城国际大厦 A 座 8 楼
　　　　　邮编：100011　电话：010 - 83670692　64267677
印　　刷 | 唐山富达印务有限公司
　　　　　（如发现印装质量问题，请与印刷厂联系调换）
开　　本 | 880mm×1230mm　1/32
印　　张 | 9
字　　数 | 200 千字
版　　次 | 2020 年 7 月第 1 版
印　　次 | 2020 年 7 月第 1 次印刷
书　　号 | ISBN 978-7-5699-3772-5
定　　价 | 49.80 元

致读者

亲爱的读者朋友们，

我第一次接触到情商领域，是在为一门帮助大学生成功适应社会工作生活的心理学课程搜集课程资料的时候。从那时起，我从事情商的研究和教学工作已达 15 年。在这 15 年间，对情商的研究已逐渐为大众所熟悉。我很高兴您选择了这本书，也很高兴看到您想要了解情商并想到培养孩子的情商。

您会注意到我经常在书中提到类似性格、脾性的概念，而且把对情商的讨论设定在儿童全面发展的情境里。将典型的儿童发展知识与您的孩子的特性相结合，您将能更好地运用学到的情商概念。

这本书中提到的部分案例是虚构的，但是很多案例都是真人真事。为了保护案例涉及的儿童与大人的身份信息，案例中的人物姓名都经过了更改。有一个例外是第 17 章节关于乐观的故事，不幸的是，那一章节里介绍的发生在贾斯汀身上的不幸是真实发生过的。但是对于他的人生和乐观心态，一切都是积极的。我希望您能从他的故事中受到鼓舞。

坎诺伊

致　谢

　　本书的内容要感谢很多人——主要是我的孩子和其他儿童、青少年和大学生，是你们赋予了育儿和教书的挑战与乐趣。在这个过程，我对自己的情商有了更深刻的理解。另外，致谢我的配偶，波比，感谢他对于我将"写作需求"置于首位的无限包容与耐心，因为我们本可以去做一些对他来说更有趣的事情！

前　言

　　人们常说的情商到底是什么？更重要的是，情商会对儿童的成长造成怎样的影响？情商能够帮助儿童获得长远意义上的成功吗？答案是肯定的。情商对于一个人的情绪健康和成长有着至关重要的影响。幸运的是，儿童的情商是可以通过后天培养的。情商能力并不是与生俱来的。没有孩子一出生便具有高情商，也极少有孩子天生在情商能力方面存在缺陷。儿童通常会模仿父母和周围有影响力的大人（例如他们的老师、哥哥姐姐和祖父母）的行为，这对儿童的情商有一定的影响。同样地，对电视上信息的模仿、多彩的人生体验、从错误中吸取的教训，以及对不同育儿方式的适应，都是儿童培养情商能力的窗口。他们的情商发展很大程度上取决于家长如何培养。

　　一个人的性格和情商虽然完全是两码事，但是儿童的基本个性有时候也会影响情商能力。那么问题来了，哪些部分是更容易或者更难被习得的呢？不妨把这件事想象成是一个人学习骑自行车。本身协调性或平衡力较好的孩子通常能更快地学会骑自行车，但基本上所有孩子通过练习都能最终学会这一技能。所以，基于一些孩子本身的性格特点，想要灵活地使用情商能力需要更多的练习（例如，对

3

于一个内向害羞的孩子来说，当机立断可能会是一个比较有挑战性的要求）。作为家长，我们需要对每个孩子的情商发展进度有一个合理的认知，并且在培养情商能力的过程中保持耐心并给予持续的鼓励。

你可能已经意识到，无论有心或者无意，你的一言一行都在告诉你的孩子什么是情商。因此，作为家长，你向孩子传递的情商是什么样子，这一点至关重要。家长寄希望于运气，觉得孩子会自然地发展出高情商，这其实并不可取。通过阅读这本书，采用书中介绍的方法，读者将能够积极地参与到儿童的情商培养之中。举个例子，当你对你的儿子说"大男孩不可以哭鼻子"的时候，你其实是在教他压抑自己悲伤的情绪。然而事实上，你也许是在给他的愤怒情绪创造另一个发泄口。难道男孩只可以生气而不能感到伤心和难过？这些情绪组合在一起又会怎样影响一个人的人际关系？你们有些人的亲身经历也许证明了，压抑悲伤的情绪、随意释放怒气将不会有助于一个男孩在成人社会中发展出很好的人际关系。

又或者，你是一个过于焦虑的家长，大包大揽地替孩子做好了一切。这样做其实是在阻碍另一种情商能力——独立性——的发展。为了独立发展，孩子们需要培养自身的独立性，不管是通过参加训练营、独自去上大学，还是刚成年时便去外地谋求一份工作。即使孩子们可以很好地适应与家长在空间上的分离，他们在心理和精神上也许存在着很大的依赖性，以至于他们不能很好地面对大学和成年后的人生。没有家长的帮助和支持，他们可能无法为自己做决定、合理安排金钱以及应对人生中的失望时刻。

情商的高低很有可能预示了一个人是否最终能取得成功。高情商的儿童在很多方面会有更出色的表现，他们可以更好地理解他人、进行自我情绪管理、建立并投入人际交往、制定决策、灵活适应变化和把控人生以及掌控压力。大量的研究证明，对于儿童和青少年而言，高情商通常意味着更出色的学习表现和行为规范、更强大的自信心和自我察觉能力。

　　本书将会教大家什么是情商以及如何培养孩子们的情商。附录里收录了一张评价量表和一张情绪图表，作为准确理解你现有情商水平的参考工具。

目 录
content

第 1 章

情商从哪里来？

简单来说，一个人的情商或情绪智力指的是理解和调节情绪的一系列能力。这些能力可以使成人和儿童培养出更精准的自我察觉能力、更充足的自信心、更高效的解决问题的能力、更亲密的人际关系、更明智的决策力，在学习和工作中取得更大的成功。情商并不等同于情绪化，情商的培养也不意味着你的孩子必须把自己的所有感受告诉你。处理情绪的能力决定了你的孩子是否能直面并对抗欺凌，是否能很好地处理压力，是否能在鼓励下激发并展现出自己最好的一面，以及在人生中很多事情的处理及表现。

情商只是一阵趋势吗？

关于情商的提出和讨论由来已久。哲学家们很早就指出了情商几要素的重要性，尽管当时还没有"情商"这个名词。例如，柏拉图的名言"绝对不要阻止任何一个在持续进步中的人，不管他的进步有多慢"，这其实说的就是个人自尊的建立；以及"善待你遇到的每个人，因为他们都在为人生奋斗"，其实是情商中同理心的展现。再例如，亚里士多德的反思"每个人都会发脾气——这个很容易做到，但是，要把脾气发在正确的人身上，用恰当的程度，在恰当的时间，为正确的目的——要做到以上这些并不容易"，这一反思强调的是有效的情绪理解和表达的重要性。

● 特别说明

　　情商不同于常识，不会因为生活经验的增加有所提高。情商能力的获得和提高必须通过学习和锻炼。

到了 20 世纪 20 年代，美国心理学家们开始讨论社会智能和非智力因素是否能够预示一个人的成功。1983 年，哈佛大学心理学家霍华德·加德纳 (Howard Gardner) 提出了既包括语言和数理逻辑智能也包括人际和内省智能的多元智能理论。在 20 世纪 80 年代，心理学家鲁文·巴昂正式提出"情商"一词，并由此发展出一套测量情商的方法。到了 20 世纪 90 年代末，"情商"已经得到了广大学者的正式认可和定义。所以情商有没有可能只是一时的趋势，会迅速消失？恐怕不会。试想下，除了情商，还有其他始于最早期的哲学思想，而且在今天仍适用并持续发展的理论吗？

情商模型

本书展示的情商模型包含了情商的五大主要方面和16项独立能力。如果你希望你的孩子拥有强大的自信心，设立和达成目标的能力，在有需要时为他人发声的勇气，强大且有意义的人际关系、决策力、抗压力，并且收获幸福，那么这本书非常适合你！

本书借鉴了史蒂文·斯坦和布克在出版于2011年的著名的《情商优势》一书中对16项情商能力的定义。16项情商能力如下：

● 特别说明

自我肯定、自信、自我概念和自我尊重的意义都有轻微的不同。请确保理解并运用本书采用的自我尊重的定义。

1. 情绪的自我察觉指的是在情绪产生时，能够察觉到自己的情绪并且认识到情绪产生的原因。儿童解读他人对自己情绪的反应的能力也是自我察觉的一部分。情绪的自我察觉能力能让孩子在情绪不安时明白是什么地方出了差错，并告诉大人是什么原因令他们不安。其实，很多孩子都能自我察觉情绪，而只有当他们听到类似于"你不应该有这样的感受"或者"不要这么敏感"的话时，他们才停止告诉大人他们的想法和令他们困扰的原因。

2. 自我尊重指的是在了解自身优势和局限的情况下，尊重并接受自我。自我尊重的第三个要素是儿童的自信程度，而自信心主要来源于自我接受和尊重。自我尊重程度高的儿童并不会自我夸耀或自大，而是对自己的优势和局限有着充分准确的认识（例如，我在数学方面十分擅长，但在拼写方面不如数学）。他们接受自我 —— 既不会过度自我批评，也不会在他人指出自己的局限时过分保护防范。他们努力寻求进步并保持自信（而非自负），因为对自己有着清晰的认知。

3. 自我实现指的是努力实现潜能，制定合理目标并实现目标，在实现目标的过程中收获满足感和意义。儿童的自我实现行为可能表现在对团队的贡献、对特长的追求，在学校或某项活动中做出的努力。为了获得自我实现，儿童需要在实现目标的过程中体会到愉悦感和意义；如果他们的追求和努力是为了满足家长的期待或者让家长感到高兴，这种努力的愉悦感会消失，在某些情况下，还会滋生出愤怒和怨恨。

4. 情绪表达指的是通过口头或者非口头形式适当并稳定地表达情绪的能力。能够健康表达自己情绪的孩子会用到类似"生气""伤心""开心""害怕"等词语；同时，他们的行为表现与情绪表达是一致的。

5. 独立性指的是能够进行自我引导，并且在行动上不过分依赖于他人，不会过分寻求外界的支持和肯定。儿童的独立性体现在方方面面。从一个 2 岁儿童说出"我会自己完成任务"，到一个 7 岁儿童能够舒适地在朋友家过夜，到一个步入青春期之前的儿童除了在十分困难的问题之外能够独立完成家庭作业，这些都是独立性的体现。

6. 决断性包含了阐述观点、信仰和想法的能力，以及能够用一种恰当而且积极有效的方式支持并维护自己的想法和行为的能力。十五六个月大的儿童在说出"不"字的时候，拒绝他们不喜欢的食物的时候，他们表现出的是稚子的决断性。如果你期待你的孩子在必要的时候分享并捍卫自己的想法，比如面对霸凌或在朋友压力下不会做出一些他们明知是不正确的事情，那么让孩子锻炼分享和捍卫自己的想法是很重要的。

7. 人际关系指的是发展一段基于信任的关系。这其中包含了建立友谊的能力以及和祖父母、老师等大人相处融洽的能力。儿童的人际关系行为展现在方方面面，从与小伙伴愉快地玩耍，到与朋友保持联系，到能够告诉家长自己在人际关系中遇到的重要的事情，例如在学校发生了什么不愉快的事情，又或是不想参加某个他人认为很重要的活动。

8. 同理心指的是能够察觉到他人与自己不同的观点，并且能尝试理解他们的观点和原因。对他人感同身受的能力是同理心的一个关键部分。展现同理心的行为包括：一个孩子不需要大人哄劝就能明白旁边的小朋友也想玩这个玩具并乐意分享玩具；询问身边在哭泣的人"你怎么了"；大一点儿的儿童能够恰当地提问以了解他人的感受和行为。具有同理心不代表需要为他人产生歉意，也不意味着你必须同意他人的观点。

9. 社会责任指的是在一个或多个群体中协作并贡献个人力量的能力。儿童协作能力的表现包括：不需要大人不断提醒就能完成任务、乐意在同龄人或兄弟姐妹有需要的时候分享自己的东西、在被要求的时候帮助他人、长大一些后自愿花时间去帮助他人。

10. 问题解决。这种能力包括：发现和认知问题，并能够进一步提出有效的解决方法。孩子们在与你分享他们在学校、在体育队或者跟好朋友之间发生的问题，并且（在家长的帮助下）提出一系列可能解决问题的办法时，就体现了他们的问题解决能力。除此之外，能够坚定地执行至少一个解决方案也是十分重要的能力体现。

11. 现实判断指的是区分现实和想象的能力。这要求孩子对所处环境和现实有准确的理解，而不会对现实情况产生过度或不足的反应。现实判断能力在儿童行为上的体现有：孩子能够遵从家庭规则，即使他们并不想这样做（比如要求他们必须先做完家庭作业才能看电视），因为他们十分明白违反这一规则的后果；孩子能够认识到一些现实问题（比如由于很多孩子在某个考试中都是拿了 D，就不否认 D 也是一个不错的等级）；以及不会将事情拖到最后一分钟以免完成不了任务。

12. 冲动控制指的是能够抵抗诱惑、保持耐心、接受延迟满足感和不冲动行事。冲动控制能力在儿童行为上的体现包括合理饮食、不会乱发脾气、在做他们觉得有趣的事情之前先完成其他不那么有趣的任务（比如先完成家庭作业再玩电脑），以及在面对高难度任务的时候能保持耐心。

13. 压力忍受度指的是在面对会产生压力的事情时不会崩溃、焦虑不安或者因为感觉应接不暇而难受。压力忍受度在儿童行为上的体现包括：很少因为焦虑而崩溃，对于新的情况、变化或挑战不会过于担心害怕，以及能够在快节奏和有压力的环境下仍然把注意力集中在手头的任务上。

● 要点提示

不要试图保护你的孩子不承受一点儿压力。相反，家长应该教孩子在应对压力的时候应该怎么做！长远看来，教育比保护更有用，因为孩子们会通过练习应对压力、收获自信。

14. 灵活性指的是能够很好地适应变化并随之调节自己的情绪、想法和行为。灵活性在儿童行为中可能体现在面对新事物时表现出激动、兴奋、冷静的态度，体现在儿童能够很好地适应家庭的变化（例如搬新家，迎接新成员来家里住，或者弟弟妹妹的出生），还可以体现在儿童愿意尝试新事物这件事情上。

15.乐观指的是保持积极的心态，能够在面临困境时坚韧不拔的能力。乐观在儿童行为中可能体现在"如果我足够努力，是可以将这件事完成得更出色的"想法中，也体现在愿意坚持挑战有难度的任务时。在描述发生的事情时，采用积极而非消极的话语也是乐观的体现。例如，积极描述为"通过锻炼，我获得了进步"，而不是消极描述为"即便我很努力地练习了，我还是不行"。

16.幸福指的是能够从生活中感知到满足，享受生活，并保持开朗的能力。微笑，放声大笑，积极参与都是幸福的行为体现。

为什么说情商可能比智商更为重要？

我们这一生都避免不了把注意力放在等级、考试成绩、考试排名等类似的事情上。这样一来，人们自然会认为智商（或智力商数）是人生每个阶段取得成功的关键。事实并非如此。但同样不要误解为智商不重要。拥有高智商的儿童在大部分的学习中会感到更加轻松，很有可能会有更优异的学校表现，进入高天赋学校的尖子班。通常情况下，高智商的儿童在大学入学考试中会获得更高的分数，这为他们的大学选择打开了更多可能性。

　　家长们会期望自己的孩子拥有尽可能高的智商，但是仅仅拥有高智商是不能确保成功的。情商同样必不可少。一位智商在平均水平，但表现出高度的自我激励（自我实现），能清楚认识到自己的不足（现实判断），会向人求助（决断性），高度自律，认真准时地完成学习任务（控制冲动）的孩子，通常会比一位虽然智商在平均及以上水平，但缺乏激励、自律和现实判断的孩子表现更佳。试想如果你是一位教师，你会更乐于去教哪个孩子呢？

智商和情商怎样影响成年人取得成功？

　　研究表明，没有证据显示，从小便拥有高智商的成年人在专业领域一定能获得成功。有些高智商成年人在事业和生活中十分成功，但有一些并没有。成功与否的决定性因素通常就在于他们的情商。因此，高智商并不等于成功，而在正常范围内的相对低智商也不代表着绝对的失败。情商才是决定人成功与否的关键。

● 事实

　　情商和智商之间几乎不存在联系。所以一个高智商儿童也需要接受情商训练，否则他的未来发展可能会因为较低的情商严重受阻。同样的，一个较低智商的孩子能够很好地发展他的情商，否则双商缺失的危害会加倍影响他的个人发展。智商和情商是两种完全不同且彼此之间没有联系的不同形式的能力。

大富豪托马斯·斯坦利（Thomas Stanley）曾被问到如何评价取得成功的要素。在他的《百万富翁的思维》(The Millionaire Mind) 一书中，斯坦利指出成功的五大要点：诚实、高度自律、友好的人际关系、支持的配偶，以及比大多数人都要更努力。以上每一个要点都反映出情商的不同方面。富豪对于认知能力又是如何评价的呢？认知能力在 30 种成功的可能要素中排名第 21 位！当然金钱并不是衡量成功的唯一或者也不是最重要的依据，只是其中一种评判标准。并且这里注意到，前五的要素中有三点与人际关系有关（诚实、友好和支持的配偶）。因此可以看出，很多富豪也享有成功的人际关系。

情商能够持续发展，但智商的发展会终止

一个孩子的智商可能受很多因素的影响，包括在胎儿期的营养、基因，以及早教环境。但是，大脑的发育基本上到青少年时期就完成了，而智商也就确定了。不一样的是，情商可以持续地发展，在 50 或者 60 多岁时达到巅峰，直到 80 岁也只会轻微地下降。在成年后，学习情商和学习其他东西是一样的。像骑自行车一样，某种能力一旦被习得，虽然会因为使用较少而生疏，但不会完全消失。因为生活中种种情形都给

了儿童使用情商的机会，这样的锻炼更进一步强化了情商能力，使得孩子在最困难的时候也能发挥出情商的作用。

情商及其相关研究

了解有关儿童情商的研究会给予你更多动力，以充沛的热情培养孩子情商能力。你也许会困惑为什么这里提到的研究会包括针对青少年和大学生的研究。答案很简单，孩子们养成的情商在他们未来的人生道路上有着很重要的含义。

再给我一块棉花糖，好吗？

假设你有一个 5 岁的孩子，你把一块棉花糖放在盘子上，把盘子摆在孩子面前，并且告诉他，"我现在要去给你的妹妹换尿布。如果你能待在这里并且在我回来之前不吃掉这块棉花糖，等我回来以后，我会给你两块棉花糖。"你觉得你的孩子会怎么做？直接吃掉面前的糖？为了避免糖果的诱惑离开座位并且等到你回来？求求你让他现在就吃糖？会哭？还是，会想尽办法在你回来之前抵抗住诱惑？如果你的孩子选择的是后者，那么他展现出了强大的冲动控制能力。斯坦福心理学家沃尔特·米歇尔（Walter Mischel）曾经对学龄前儿童做过这样的测试。有些孩子败给了眼前的棉花糖，另一些孩子则能够延迟满足感并且获得了第二块糖作为奖励。有趣的部分是这些测试者长大后的事情。那些能够等待延迟满足的孩子在成年后表现出各方面的优秀，包括更优异的学习成绩（这并不是因为他们更聪明）、更友好的同学关系和老师的高评价。

这些成功仅仅是因为他们在 5 岁时面对一颗棉花糖等待了一会儿吗？冲动控制能力更好的儿童很大机会能保持长久的课堂专注力，也能够要求自己在完成作业之后再玩，并且能够处理复杂的问题和任务。冲动控制包括避免冲动行为的能力。拥有这种能力的儿童，可以更融洽、理性地和同学相处，一些不经大脑思考的行为或许根本就不会发生。对于选择吃掉棉花糖的孩子，你觉得他们的未来会是怎样的？相比那些可以控制冲动的孩子，吃掉棉花糖的孩子成年后在工作中取得的成就更少，在人际关系中的麻烦也更多。

社会成功与受欢迎程度

你认为情商的高低能够将青少年区分成受欢迎和不受欢迎两组吗？扎瓦拉和同事们对比了最受欢迎和不那么受欢迎的儿童。虽然受欢迎的组并没有展现出更有效的社交能力，但是他们的情商能力要明显高于另一组。这很容易理解，情商能力（例如理解自己的情绪以及情绪对他人的影响、理解朋友、与他人合作、避免冲突行为、保持积极开朗）能让一个青少年更受欢迎。谁又愿意待在一个不具备这些能力的人身边呢？

●事实

研究已经证实了"金钱买不来幸福"这句话。因此，不要认为通过大量的礼物和物质享受就能够给孩子创造出永恒的幸福感。

优异的学校表现——成绩和纪律

即便不为了学习成绩，情商也是十分重要的。一项发布于 2010 年的研究展示了我们应该如何看待情商与学术成功的关系。

研究人员卡伦·科赫特收集了中学生的情商得分、学年总成绩和行为规范作为参照。她发现青春期孩子的情商与他们的在校表现和成绩有着重要的联系。与你预想的一样，实验结果表明，高情商的孩子更少犯纪律问题，而且有更优异的学习成绩，不同种族和民族的情商并没有差异。

情商进入大学

情商研究专家史蒂文·斯坦和他的同事在《关于情商的一些想法》这本书中总结了关于大学生情商与成功的研究。即便对于最聪明的，比如常青藤名校的大学生而言，乐观的情商能力比大学入学成绩更能够预示大学的成功。拥有较好的冲动控制和社会责任能力、中等的独立性和人际关系、较高的自我实现和现实判断能力的大学生更有可能顺利毕业。换句话说，如果你的孩子能够做到以下几点，那么大学毕业和取得好成绩的可能性会更大：能够做到玩之前先学习的延迟满足；能够积极参与有意义的校园活动（对毕业很有帮助）；能够在团队中与他人合作；展现出适当的独立性，不至于因为对家长产生分离焦虑也不至于过于独立而拒绝在需要的时候寻求他人的帮助；建立良好的有意义的同学关系，但这不意味着把时间都花在打发时间上；能够制定学习目标，并且理性看待自己目前的状态以及还应该努力的方面。总的看来，对孩子未来最好的投资之一就是情商能力的培养！

霸凌和情商

随着霸凌事件的增加和越来越严重的后果（例如自杀和未成年人杀人犯罪），更多的家长开始关注什么是霸凌、这种行为是由什么引起的，又为什么会持续发生。

霸凌明显不同于逗趣。逗趣是人们对让他们有好感的人做的，其出发点是有趣和积极的。熟人之间的愚人节恶作剧更能产生娱乐的效果。但其他恶作剧，例如在社交网络上发表对他人不利的和虚假信息，就属于霸凌，因为这样的信息是出于讨厌、无法忍受或轻蔑的心态，出发点已经变成要对他人造成伤害。

情商理论的应用可以帮助人们理解霸凌的参与者，包括霸凌的实施者、受害者和旁观者。用情商语言分析，霸凌的实施者有很大可能是自我认知维度较低（较低的自我接受导致不接受他人）、情绪自我察觉较低（缺乏对霸凌行为原因的认识）、同理心较低（不能站在受害者的角度）、社会责任较低（合作能力低下，更倾向于在考虑他人之前考虑自己）以及冲动控制能力较低（无法抵抗冲动）。

受害者，用情商语言分析，可能缺乏自我认识（这一点在他人看来是自信心不足）、缺乏情绪的自我表达和对霸凌说"不"的决断力。受害者往往因为过于独立，不能把自己被霸凌的事告诉能帮助他的成年人，而他们自己又不具备处理霸凌问题的能力。

那么只是站在旁边观看，甚至对霸凌行为感到好笑的旁观者，他们的情商能力如何呢？他们缺乏足够的决断性去制止霸凌行为，也缺乏一定程度的同理心去帮助受害者。独立性的缺乏让旁观者无法挺身而出解决矛盾。相反，他们屈服于同龄人压力而变成沉默的旁观者。旁观者不会想到霸凌行为在"团队"中的影响，只是关注到保护自己当下不受到霸凌（这一点确实是现实判断能力的体现），这很可能是因为他们也缺乏社会责任能力。

● 特别说明

霸凌行为从小学就开始了。如果你的孩子表现出想转校、对上学表现出焦虑、抗拒搭校车回家或者说不清原因但拒绝跟邻居家的孩子一起，那么，所有这些你需要注意的都可能说明他正在受到霸凌。

一套完善的情商教育课程能够通过提高受害者和旁观者对抗霸凌的能力，以帮助减少霸凌事件。霸凌者也能通过学习提高同理心和其他情商能力，对受害者产生更多情感联系，而不是理所当然地欺负别人。

家长自己的情商呢？

不难想象的是，家长的情商能力越高，孩子就越能通过观察家长处理问题的方式习得情商能力。如果家长在压力面前崩溃，生气时对孩子过于严厉粗暴，有一些甚至连自己也察觉不到的情绪开关或者缺乏自信，那么你觉得你的孩子会有什么不同呢？

针对成年人的研究表明，情商能够对你人生的方方面面产生帮助。斯坦和布克在他们 2011 年出版的《情商优势》中记录了高情商能力对成年人带来的诸多积极影响：

·在工作中，不论是老师还是律师、银行家还是催款人员、运动员还是艺术家、公司行政总裁还是会计师，在各种领域中，情商能力都是事业成功的关键因素。排名前五的情商能力包括：自我实现、幸福感、乐观、自我认知和决断性。

·在婚姻中，高情商的人会拥有更高的婚姻幸福感。婚姻满足感在情商能力范围的体现包括：个体的幸福感、自我认知、自我察觉、自我实现和现实判断。换句话说，拥有最幸福的婚姻的人快乐、了解自身优势与不足（所以更愿意道歉说"对不起"并且在出现问题时承担责任）、了解自身情绪以及情绪产生的原因（这让人能够认识自己的需求，在争吵中保持清醒）并能理性看待婚姻。他们能够制订计划、完成个人目标以获得满足感，既不会过于幻想也不会纠结于自己的烦恼（现实判断），抱怨婚姻生活。

·对于找工作和工作而言，长时间处于不工作状态的成年人在决断性、乐观、情绪自我察觉、现实判断和幸福感方面都比工作的人要低。

·在维持健康方面，经常锻炼的人情商能力更高。不难想象，能否制定和达成新的一年的锻炼目标是自我实现能力的体现。

第 2 章

几则儿童成长案例

　　本章节介绍的案例虽然都是虚构的，但这些案例可以展现出常见的家庭模式。每个案例中都有一位或者多位典型儿童。当你阅读案例时，可以试想下这些儿童的成长经历——包括父母的培养模式、童年成长环境、性格和其他因素，是如何影响他们的情商能力发展的。情商会影响儿童应对挑战时的行为模式。那么何时运用情商、怎样改变行为以提高情商呢？在你读完整本书后，回来重读本章的案例探究，你的想法可能又会有所不同！

案例 1：建立独立性

乔伊是家里的第四个孩子，他有三个比他大 4 至 8 岁的姐姐。乔伊出生时，大家都高兴坏了；他的父母一直想要个男孩，他的姐姐们也很乐于有一位"宝宝玩具"。一开始，乔伊的个性有一点儿烦躁，但是他的姐姐们总能够让他转移注意力或者逗他开心。家人们很宠乔伊，不断地给他安抚奶嘴，他手指什么就帮他拿到并且不断地逗他开心。乔伊的语言发育有点滞后，但家人们并不担心，因为他们知道这是因为他并不需要语言表达自己的需求就能得到满足。乔伊只要开始哭、用手指语言或者其他身体语言，家里人通常就能知道他想要什么。

到了两三岁时，乔伊因为不能做到他的姐姐们能做的事情感到非常沮丧，例如游泳、骑自行车和写出自己的名字。他一直在尝试跟上姐姐们，但他做不到。有时他会沮丧到大哭。通常这个时候，家里会有人放下手头的事情来安慰乔伊，用食物转移他的注意力或者带他做一些开心的事情，比如让他骑在身上围着家里跑。乔伊的口语能力有了一些进步，但在词汇和发音方面还是落后于同龄孩子。乔伊感到焦躁的时候，他的父母在工作和同时抚养四个孩子的压力下，经常直接满足他的需求，而不去思考如何处理乔伊的情绪。

上幼儿园的时候，乔伊很开心，因为他终于像他的姐姐们一样学会了骑自行车。但是幼儿园的第一周过得并不愉快。幼儿园的老师和小伙伴们并不能很好地理解乔伊并不断地让他重复所说的话，加上老师要求乔伊自己的事情要自己做，比如自己打开果汁盒和挂好外套，乔伊因此感到十分沮丧。

学龄前儿童会情绪失控，控制不了脾气吗？

在还没有学会通过语言表达自身需求和感受的儿童身上，无法控制情绪的情况更常见。如果一个孩子经常感到不安，即便他已经具备了很好的语言沟通能力，他很可能还是会有控制不了脾气的时候。驾驭孩子坏脾气的关键是给他提供更健康的情绪表达方式，而不是一味地满足他的需求。

到了开学第二周，乔伊发脾气不想去学校。他父母问他原因的时候，他也没办法说清楚。最后，乔伊父母只能告诉他不要再哭了，以及他必须去上学；如果当时他的父母能够好好地安慰和开导他，事情会好很多。虽然后来事情确实有了好转，乔伊在幼儿园的第一年还是过得很艰难。

"建立独立性"的情商分析

也许你已经意识到，乔伊的家人本可以帮助乔伊培养情商能力，这样乔伊也不会觉得上幼儿园是多么困难的事。婴儿最初只有两种沟通方式：首先他们会哭，然后他们学会一些肢体语言表达需求，例如用手指和张开双手来表达"抱抱我"。回应并满足这两种沟通方式是完全可以的，但我们也需要鼓励孩子进行语言沟通。例如，可以在给孩子回应的时候描述一些物品或情绪。假如你的孩子哼哼唧唧地用手指着够不着的燕麦片盒子，你可以对这一行为和情绪进行语言描述。比如说"你想要燕麦片，但是你因为拿不到它感到沮丧，对吗？"这样的语言描述能够拓展儿童的词汇量，让他在2岁开始运用语言沟通表达自己的需求。还可以对他的情绪进行评价，这很有可能帮助他长大后更好地评价自我情绪。

即便我们对乔伊感到受挫情绪的猜想也许不是事实，他可能只是生气了，引导孩子关注自己的情绪仍然很关键。用情商语言分析，这样的情况下，你是在教儿童情绪的自我察觉，这很有可能是情商能力中最重要的能力之一，因为自我察觉是其他能力的基础。

回到乔伊的案例。他的家人本可以帮助他更好地培养独立性。教他自己的事情自己做可能会有很大的好处。首先，这样可以提升他的能力——不论是自己穿衣服还是自己打开吸管——更重要的是，让他自己完成任务可以提高他对自己的信心，相信自己有能力独立完成任务，这有助于建立自我尊重。儿童在学校会面临很多新的挑战，越好地掌握新的技能越能独立地应对挑战。

● 特别说明

那么，我们要如何锻炼孩子的独立性？给他买带魔术贴的鞋子取代绑鞋带的鞋子，此外还可以买更容易解开的大纽扣的衣服。在厨房料理台旁放一张凳子，这样3岁的小朋友也可以自己把盘子拿到料理台。总的来说就是，让环境变得适合独立性的培养！

你有没有注意到乔伊有些无法抵抗压力？如果你时刻保护孩子不受压力，他们就无法得到处理压力的机会。每个人每天都需要面对各种各样的压力，保护孩子不受压力绝不是家长应该做的。如果你发现两位小朋友在争抢同一个玩具，在家长介入之前应该给他们自己处理事情的机会。又或者，小朋友在学习扣衣服纽扣感到困难受挫的时候，不要着急去帮他完成而是鼓励他自己完成。如果家长不断地介入，替代他们完成任务，那么你是在阻止独立性的培养，并且让他们觉得他们只要表现出受挫（感到压力）就会有人来帮助他们。

不仅如此，你有没有发现乔伊需要更多地锻炼自己的冲动控制能力？我们不必对儿童忍受挫折的能力抱有过高的期待。即便是两三岁的孩子也会发脾气；家长的责任是教他们处理不耐烦和受挫情绪的方法。在没有很好地培养和锻炼以前，不能指望孩子自己就能有很好的冲动控制力。在一些小挫折面前，比如在超市收银处等待五分钟的时间，你可以教你的孩子如何面对挫折。你可以唱首歌、看着购物车里的东西说说它们都叫什么或者玩个简单的游戏打发这五分钟。孩子长大一点后，在可控范围内，给孩子更多的处理挫折的机会和责任。试想下你身边有没有这样的成年人？他们会在生气时发出带有激烈言辞的邮件或短信，不能有节制有控制地进食和消费，无法为了目标忍受合理的等待。对于成年人来说，学会冲动控制会预防很多由于冲动和缺乏耐心的行为引起的问题。

● 事实

很明显，乔伊在学校表现出独立性的缺失。你将在整本书中会了解到，权威型的家长教育模式，会鼓励儿童发展出适当的独立性。

案例 2：选择活动

8 岁大的萨拉一直很喜欢玩水。还是婴儿的时候萨拉就很开心地在澡盆拍水玩，上学前，她很爱往泳池里跳水，6 岁的时候还加入了邻居的游泳队。萨拉的游泳技术飞快地进步，到了她8岁的时候已经完成了人生中第一次游泳比赛。一位游泳教练建议莎拉的父母让萨拉参加一个全年制的游泳俱乐部。父母认识到萨拉的天赋并且认同加入俱乐部能够帮她发展游泳天赋。另外，他们认为每个星期训练三次，额外的练习对萨拉会有好处，也会帮助她提高睡眠质量。所以萨拉的父母替她报名加入了游泳俱乐部。

爱游泳的萨拉一开始对于即将加入俱乐部感到很兴奋。但是随着时间过去，训练好像变得无趣了。加上今年秋天萨拉的父母又一次拒绝了她踢足球的请求，让她三年的期待落空。父母担心花太多时间在运动上会导致莎拉没有足够的精力和时间完成家庭作业，也担心孩子会变得不像一个普通的8岁孩子。

萨拉的朋友们每周六上午都去踢足球，萨拉却不得不花一个半小时的时间在练习游泳上。游泳现在对于她来说已经没有什么乐趣了。到了春天，萨拉又一次问父母可不可以去踢足球，答案又是否定的。理由是每年三月份的游泳比赛是俱乐部最重要的赛事，踢足球会妨碍到每周的游泳练习，而且萨拉也会因为游泳比赛错过很多场足球赛。

● **特别说明**

大多数家长会尝试"训练"他们的孩子去相信父母所做的一切都是为了他们好。但也有很多家长能够陪在孩子身边，不去主导那么多事情。是什么区分了这两类家长？"教练型"家长可能有着非常强烈的价值观、需求或者经历，导致了教练型的育儿行为。因此，观察自己对孩子参加的体育活动或其他带有竞争性活动的情绪，想想是什么促使着你对孩子的"训练"？

到了三月的比赛季，萨拉十分兴奋。比赛在另一座城市举办，萨拉和她的父母及小妹妹一起驱车前往比赛城市，找了一家旅馆度过周末。比赛的第一天早上，萨拉因为太过紧张感到胃不舒服。那天她的表现并不出色。萨拉的父母表现出强烈的支持，但也说了很多建议。"你出场前要记得深呼吸"，爸爸提醒萨拉。"还有，全程不要忘记用力踢水"，萨拉的妈妈补充道。第二天的情况还是一样。萨拉甚至比第一天还要紧张。尽管她表现不错，也游出了她的最短时间，却还是没能在任何项目中获得第一（第二、第三也没有）。萨拉的父母担心她会不会进步得不够，于是要求与教练见面谈话。游泳教练建议给萨拉每周增加一次训练。当萨拉从父母口中得知要增加训练，她哭了出来。她一直想要参加足球活动，这个重要的游泳比赛也结束了，很长一段时间内也不会有其他比赛。然而萨拉没有告诉父母她更愿意和朋友们踢足球，而不是增加额外的游泳训练。相反，萨拉继续坚持游泳训练。

"选择活动"的情商分析

萨拉的父母虽然是一切为了萨拉好，但是在培养情商的关键方面上并没有真正帮助到她。自我实现需要孩子制定目标，然后从实现目标的努力中收获意义和满足感。孩子必须学会自己选择目标；但是很多好心的家长通常会替孩子选好他们的目标，他们有各种各样的原因去这样做，例如为了发展孩子的天赋或者家长认为参与某个活动比其他活动会更有益于孩子的发展。但是如果孩子的意愿与家长的意愿不一致，他们并不会太专注于家长为他们选择的活动。如果是他们自己的选择，他们会专注和努力得多。同时孩子还会感到更多的压力，因为他了解这件事情对家长的重要性。

我们的自我尊重来自于对自己的长处和短处的现实了解。过高的期待和过于挑剔的反馈（或者有人认为是批判性的）会损害一个人的自尊。假如萨拉的父母期待她在比夏季比赛竞争还要激烈的比赛中获得前三，这是合理的期待吗？还有，即使萨拉的父母对于她的弱势和缺点很了解，直接指出这些问题对萨拉而言是有帮助的吗？家长的角色和责任应该是鼓励和支持孩子，指出她做得好的地方，并且告诉她教练会给她更平衡的综合反馈。当然，这时候如果孩子主动问你有什么地方是她可以做得更好的，你是可以告诉她的。或者，你可以经常询问她教练对她有什么建议，这样你可以确保她得到的不是一味的表扬或批评。只有表扬会给孩子一种错误的引导，认为他们没有需要努力进步的地方了，这会让他们长大后变得很难以接受任何建议反馈，而相反，过多的批评不利于积极能量和自信心的发展。

● 思考

怎样给出不会令孩子感到不安的批评？

首先，不要认为这是带有消极指向意义的批评，把批评是看成中性的反馈。其次，把你的语言转化为描述性语言，而不是评价性语言。比如，"我注意到你没有像我们说好的那样把脏校服拿到洗衣房，我期待着你会按照我们说好的做哦。"

你还注意到了什么？你会让孩子选择想做的事情吗？萨拉一直想踢足球，一开始，她的这个想法是坚定的。但是当她的想法没有得到父母的重视，她放弃了，并且在心里认为她的意见和想法是不重要的。在你女儿的成长过程中，确保她能够表达自己的想法，能够与身边过于强势的人设定界限，并且在受到外人施与的压力时保护自己是非常重要的。

有些人可能会想，"但我才是家长，我一定比孩子更清楚什么对她来说是最好的！"很多情况下这样想没问题。例如，告诉你的孩子过马路的时候要牵着你的手是没问题的。但是这跟告诉你的孩子什么活动是他必须参加的或者他非常想参加的活动是不被允许的是两码事。总会有运动健将型的家长他们的孩子天生不喜欢运动而喜欢美术，也会有艺术型家长生出了运动奇才。或者，家长喜欢的是网球，而孩子偏偏想踢足球。在活动选择上听孩子的，这会帮助他建立自我实现（对于自己选择的目标会更容易感知兴奋），自我尊重（信任自己对自己的了解以及可以做出明智的选择），甚至是情绪的自我察觉（知道什么能让自己开心而什么不能）。

也许你会对强调孩子的决断性有所保留。难道家长不应该掌控吗？当然身为家长的你是主导者。主导者有责任去保护、教育和培养在自己照看下长大的孩子。因此，培养决断性与你作为家长的角色是完美契合的。

● 特别说明

当你在这本书中读到关于决断性部分的时候，请记住决断性不包括任何伤害他人的意图，仅仅是指以恰当的方式维护自己。所以，决断性不带有贬义和不尊重的意图。

上述案例也向我们展示了有关同理心的问题。同理心指的是能站在他人的立场思考问题的能力。萨拉的父母有没有尝试了解为什么她那么想踢足球？毕竟她从没有说过要因为只踢足球而放弃游泳。如果她的父母问都不问足球对女儿的重要性，这就间接传达了一种思想，认为理解他人的想法是不重要的。如果这是萨拉在家庭环境中观察到的想法，她以后要怎样培养自己的同理心呢？如果她父母尝试理解她，萨拉的情况会更好。毕竟只是一个 8 岁的孩子想跟朋友们踢足球，又不是 16 岁青少年要辍学！假如萨拉的父母持续这样忽视她的想法，萨拉可能会在人际交往中模仿父母的行为。这对她未来的人际关系无疑是没有好处的。

最后，这个案例提醒了我们人际关系的价值。只有 8 岁大的萨拉也知道这一点。她想要花时间与朋友们做一些大家都喜欢的事情。发展人际关系的能力也许是儿童时期最重要的任务之一。所以，当孩子提出这样的要求想要与朋友们多点时间相处时，鼓励他们！

● 特别说明

一定不要超负荷地安排孩子的活动。现在三四岁孩子能参与的活动越来越多了。比较好的做法是在开始的几年，一周不要安排超过两种活动。

案例 3：学会做出好的决定

大家都知道，我们每时每刻都需要做决定。你决定留在家照顾孩子还是回到职场？你愿意接受一份可以减轻财务压力并且更有意义，但是会占用更多家庭时间的工作吗？为了在成年后处理更多更困难的选择，儿童时期就必须锻炼这种能力。

此处请参考 4 岁儿童斯蒂芬的例子。斯蒂芬的妈妈每天早上都会帮他搭配出在日托中心穿的衣服，连选择穿衣这样简单的决定都不留给斯蒂芬。你可能会想，如果斯蒂芬把自己打扮得很奇怪或者选择了不恰当的衣服怎么办？不妨转换一下想法——你作为成年人做的每一个决定都有潜在的奖励或者后果。儿童时期在小事上独立做决定，能使你的孩子在长大后有能力处理人生中更困难的决定。

在吃东西和看电视这种问题上，斯蒂芬同样没有选择权。他的父母虽然相信自己选择的是对他最好的，但确实剥夺了斯蒂芬自己做决定的全部机会。对一些电视节目设置限制（例如包含暴力或性相关的内容）是必要的，也反映了细致的家长引导，但是在此基础上更多的干预也许是过度地控制了孩子的决定。

"学会做出好的决定"的情商分析

回到斯蒂芬的例子。设想他真的在很冷的天气穿了短裤。最糟糕的情况会是什么？他会着凉，但不会真的生病。（可以咨询下小儿科医生，孩子生病是由细菌和病毒引起的，不会因为着凉或者淋雨生病。除非他在着凉以前就已经病了，这样穿短裤可能会让情况变得更糟。）所以我们可以设想斯蒂芬并不会在日托中心的室外活动之后感冒生病。这将会帮助斯蒂芬培养现实能力。换句话说，他会开始注意外界信息（例如，外面是不是很冷？父母穿的是薄衣服还是厚衣服呢？），这会帮助他做出更好的决定。

儿童心理学家采用"自然结果"和"逻辑结果"来解释儿童是如何从做选择（决定）中学习的。举个例子，假如一个孩子坚持要在大冷天穿短裤在室外玩耍，这就会导致一个"自然结果"（这个结果是不需要大人干预，自然发生的）。这样的结果会让孩子在下一次遇见同样的情况时更慎重地做决定。

● 要点提示

逻辑结果和自然结果可以用作纪律规范培养策略，通常来说是十分有效的。

逻辑结果需要一些大人的干预，但结果本身还是基于孩子的决定和行为。举个例子，孩子吃了太多饼干，基于这个决定他可能会感到不舒服（这是自然结果），或者家长觉得不要买饼干（这是逻辑后果）。这两种情况中，孩子的决定都是导致结果的原因，都会帮助他锻炼出更好的现实判断能力。现实判断的情商能力包含收集信息、准确地理解信息以做出正确决定的能力。所以，如果你是因为在大冷天穿短裤感冒的孩子，下次天气冷的时候你再次穿短裤的可能性会更大还是更小呢？我们需要让孩子感受到每一个决定都是有后果的，而不是保护他们不做任何决定。体验本身是很好的教育！

案例 4：培养灵活性与乐观

　　家长不想看到孩子容易放弃、过度焦虑或者害怕改变。坚持和乐观可以帮助孩子克服很多困难，引导孩子建立起更良好的自我尊重。

　　参考玛利亚的案例。作为家里的独生女，玛利亚和她父母有着非常舒适的家庭作息。玛利亚的爸爸总是很早起来，叫醒她并亲吻道别，然后立刻去健身房，健身结束后再去工作。她的妈妈总是一早为她准备好热腾腾的早餐然后送她去上学。放学后，她的父母会接玛利亚回家，一起做点心，然后做家庭作业。做完家庭作业之后一家人会在户外玩一个小时或者看书，结束后他们会看电视。这时候玛利亚的妈妈会准备晚餐。一家三口六点会一起吃晚饭。还有固定的洗澡、睡前故事和晚上八点熄灯睡觉的作息习惯。

　　由于一些家庭情况的变化，玛利亚的妈妈在她 8 岁时不得不开始一份全职工作。玛利亚的妈妈开始在当地医院当护士，工作时间是周一至周三的早上七点到晚上七点。在妈妈的工作日，家庭时间表有了很大的变化。玛利亚的爸爸还是会叫她起床，但是没有了妈妈准备的热腾腾的早餐，取而代之的是麦片。爸爸带玛利亚到邻居家里等校车。放学后，玛利亚需要自己坐校车回家，回家后有一位高中生陪她直到她的爸爸六点下班回家。晚餐也变得很不一样——玛利亚和爸爸尝试等到晚上七点半等她的妈妈一起吃晚餐，但是她已经等得很饿了，到了开饭的时候她已经有些烦躁了。晚餐时间的推迟也打乱了她晚上洗澡和睡觉的作息时间。

尽管父母向玛利亚解释了这些生活上的改变，父母给玛利亚的说法是"我们希望妈妈不用去工作""这对于我们会非常困难"以及"坐校车上学可能不像妈妈送你上学那么开心，但是很多孩子都是坐校车上学的"。玛利亚的父母是在表达他们的真实想法和感受，但是这种消极的态度表达毫无疑问会让玛利亚更难适应变化。而且，他们没有理由确定坐校车回家是不开心的！

不出意外，玛利亚变得相当焦虑，也不配合她的父母。每天早上玛利亚都要因为坐校车哭闹，下午拒绝跟照看她的高中生一起完成家庭作业。到了晚上，她经常发牢骚，因为一整天下来她的身体和情绪都已经相当疲惫了。而且突然间，玛利亚开始失眠。她的牢骚使她与父母的矛盾升级，能够不吵架完成家庭作业已经是很久以前的事情了。

● 思考

帮助孩子应对改变最好的方法是什么？

孩子需要从大人口中理解到改变是一件中性或者积极的事情，坦诚地告诉他们，并尽量把细节简单化。如果他们想知道更多信息，他们会提出问题的。在本书的第 15 章中会介绍更多如何培养情商中的灵活性和适应变化的能力。

"培养灵活性与乐观"的情商分析

所以这个案例的关键是什么？变化。变化被描述得十分消极。不要误会：孩子是需要作息安排的。同样，他们也需要学习应对环境的改变，这样他们才能适应改变而不是害怕它。改变有时会带来更好或者更有趣的事情。因为每个孩子天生的脾性，有些孩子对新的环境和变化会更加小心谨慎，会感到更加不安。固定的事情总是让人舒服的，但即便如此，发生意外改变时，从未改变的人会更难适应。家长不应该保护孩子不受改变的影响，而应该以一种积极的（乐观）、支持的（同理心）方式让孩子认识到改变。比如说，玛利亚的父母本应该向周围邻居多询问一些校车的信息，然后给她更多的事实性信息（而不是他们自己的观点），例如"你的朋友们凯拉和肖娜坐校车上学，他们在车上留了你的位置，你们可以坐在一起"，或者"校车司机会给每个小朋友起一个有趣的名字"，或者"很多小朋友在校车上完成他们的家庭作业，这样他们有更多的时间去玩"。

同样地，如果你还要分享一些事实以外的信息，尽量把情况描述得积极些，这样做能帮助孩子理解是有好事情发生的。玛丽亚的父母是以一种消极的表达方式描述坐校车的事情的（不像妈妈送你上学那样有趣），而这本来可以变得更加积极。说说可以在校车上遇见新朋友的机会，而不是强调你没有了妈妈的陪伴。

除了没有能够适应变化（属于情商特点中的灵活性），玛利亚还感受到了更多的压力。改变开始影响了她的睡眠模式和脾气，导致了她与父母的矛盾升级。灵活性，或者说对环境变化的适应能力，和乐观，即看待事情积极的态度和坚持的能力，是应对压力的两大关键要素。所以，如果一个孩子缺失这两种情商能力，他会感到更大的压力，这会引起更多的问题带来更多的困难。

本章节中的案例探究强调了一个事实，那就是想要给孩子最好的一切的父母不一定能培养出最全面发展情商能力的孩子。因此，家长要检查自己给孩子树立的是怎样的情商榜样，检查自己的教育方式、纪律策略以及这些方法如何帮助培养孩子的情商，这些是十分重要的。

第 3 章

情绪的自我察觉

很多人会认为"情商"意味着时刻保持"情绪化"。这种观点是对情商极大的误解。相反，于你孩子而言，情商代表着他能够理解是什么引起了他的情绪，他的情绪又是如何影响他自己和周围其他人的，为什么情绪会激发某些行为，以及他可以做什么来平衡自己的情绪以在任何情况下帮助自己。在做到所有这些之前，你的孩子必须首先要意识到自己正在经历某种情绪。因此，情绪的自我察觉为其他情商能力的发展提供了基础。

什么是情绪的自我察觉？

情绪的自我察觉涉及三个要素：在情绪发生的当下理解你正在体验的是什么情绪（不是几个小时或者几天之后），知道是什么引发了这样的情绪，并且最终意识到你的情绪对他人的影响。尽管这些能力可能听起来不是儿童能掌握的能力，但是越早培养这些情商能力对孩子越有益。情绪的自我察觉并不意味着教育你的孩子变得过于情绪化，而是教育他们在情绪发生时去认识自己的情绪，然后积极主动地做出应对，而不是以一种盲目的或者冲动任性的方式应对情绪。

● 知识普及

孩子们天生就能感知自己的身体。比方说，比起婴儿自己的拳头打到脸颊，当你用手指头蹭小婴儿的脸颊时，他们会做出更强烈的吮吸的动作。他们也在出生时就能意识到什么叫"不舒服"的感觉，这种感觉让他们在饥饿、疲惫或者需要换尿布的时候会哭会叫。

为什么要学习情绪的自我察觉？

教会你的孩子如何识别、管理和平衡情绪将会帮助他们解决现实问题、保持积极和维持良好的人际关系。生理上人们能够感知来自大脑最原始部位之一的边缘系统的情绪。孩子可能会因为看到某个事物从而触发了一段不开心的回忆，听到一些声音让他生气，或者想到一些令自己不安的事情，等等。问题的关键并不在于你的孩子是否出现了情绪，而在于他会如何回应这些情绪。如果你的孩子在一开始就认知到一种情绪，然后将它"传递"给前额叶——负责逻辑推理、判断力和做决定——那么他更可能会有效地回应情绪。

年纪较小的孩子还不会"传递"情绪到前额叶，因此更容易产生一些极端和不受控制的行为，例如打人、大叫和扔东西。作为家长的职责是要教育孩子在情绪产生时正确意识到情绪，然后帮助孩子决定如何有效地回应情绪。

回想下玛利亚的情况。回归全职工作之前，她的妈妈把所有的时间都放在玛利亚身上。这样的情况很容易让一些妈妈滋生焦虑、难过或者受挫的情绪。这些情绪，如果你没有意识到它们的存在，毫无疑问将会影响你。这些情绪背后的力量是看得到、摸得到的，它渗透在你的行为当中，导致你说出一些日后你可能会后悔的话，做出让人后悔的事，这对你的孩子毫无益处。

● 要点提示

超过一半的成年人都不能在情绪被激发的当下发现情绪，而是要随着情绪强度的递增或者延迟意识到情绪的存在。及时的情绪察觉让平衡情绪变得更容易。

但是，如果你停下来理清楚自己的感觉，你就可以有意识地处理你的情绪。回到玛利亚父母的例子。如果他们意识到了焦虑情绪，他们就可以做一些有帮助的事情，例如打电话给其他父母了解更多关于校车的信息，这样可以让他们用一种更积极的态度告诉玛利亚接下来的变化。同样，像玛利亚经历的这样重大的改变毫无疑问会让孩子产生强烈的情绪，这促成了一个教育孩子如何更好理解和平衡情绪的时机。

玛利亚与父母的对话说明了每个人对现实情况的情绪反馈可能会达到两大目标：第一，将会使得过渡阶段更为容易（隐藏情绪或者回避谈论情绪并不会使问题变得更容易解决）；第二，将会培养玛利亚的情绪自我察觉。额外的收获是父母将会为孩子树立情绪自我察觉的模范并能够传达给孩子一种信息，即情绪是日常生活的一部分。

掌控情绪自我察觉的组成部分

有效的情绪自我察觉能力由以下三部分组成：对感受的发现和标记、对引发情绪原因的理解以及对情绪对他人影响的理解。每一个部分对于有效的情绪自我察觉和建立积极的人际关系都是很重要的。

● 要点提示

注意不要把你的情绪投射给你的孩子。比如说，假如你的孩子正遭受霸凌，你可能会特别愤怒。当你帮助你的孩子认识和理解他正在经历的情绪的时候，你需要单独处理好自己的情绪反应，将自己的情绪区分开。

第一步：感受的发现和标记

以 6 岁的胡安为例。当胡安面临班上同学的轻微霸凌时，他可能会十分生气，或者感到窘迫、害怕和难过。对于同一事件，不同的孩子的反应是不同的。所以，与其说是事件本身引发了情绪，不如说是孩子所学习到的价值观和生活经验决定了他们会产生什么样的情绪。所以，假设胡安一直被欺凌也很难交到新朋友，那么他可能感到难过伤心。假设班上有其他同学是胡安想要交的朋友，而那些孩子目睹了欺凌的行为，胡安就可能会感到窘迫没面子。又或者，假设胡安一直被教导受欺负的时候要"打回去"或者"维护自己"，那么霸凌行为带给他的情绪感受可能就是生气。在胡安的例子里面，假设他被霸凌行为吓到了，只有胡安知道是什么（或者哪些）情绪被激发了。作为家长的职责是弄清楚你的孩子正在经历哪种情绪，而不是告诉孩子他应该有什么样的感受。

第二步：理解导致情绪的原因

你可能会认为导致情绪的原因应该是很显而易见的——他受到了霸凌。确实，霸凌行为导致了一种情绪反应，但是这并不能解释胡安产生了哪种情绪。不是每个孩子都会表现出跟胡安一样的感受。对于孩子来说，开始关注自己为什么会有某种情绪——而不是其他的情绪，是什么引起这种情绪的，是很重要的：因为这样能够让他们有能力去改变自己的情绪反应，更重要的是，能够改变行为反应。在胡安的例子中，假设因为他年纪很小，而欺负他的孩子都比他大，其中两个还跟他搭同一辆校车，那他就是害怕了（不是生气、窘迫或者难过）。

● 要点提示

大多数引发你某种特定情绪的原因与你的价值观和过去的经验

有关。举个例子，假如你很重视尊重和忍耐的品质，并且自己在青少年时期目睹了霸凌行为，你可能会因霸凌行为而感到愤怒。另一方面，如果安全感是你的首要价值观，而你见过其他人因为遭受霸凌留下来的伤疤，你的情绪反应更可能是害怕或者焦虑。有效的情绪管理包括理解你的价值观和过去的经历形成了现在你的情绪反应。

第三步：理解你的情绪对他人的影响

霸凌行为一旦开始，胡安就很快地转移视线、后退、看看老师在哪里，然后跑到老师附近坐下。当一个孩子感到害怕时，通常的反应是后退去寻找一个安全的地方，例如老师或者家长身旁。但这样的行为通常会导致霸凌者做出更激烈的反应。因为霸凌者知道退缩说明被欺负的孩子害怕了。霸凌"起了作用"，因为它本身的目的就是让目标感到不安。胡安的退缩只会证明他的不安。受到霸凌并不是胡安的错，但他的反应却带来了进一步的霸凌。

● 知识普及

即使是婴幼儿时期，孩子就开始能够理解他人情绪表现的意义。这就是为什么大人焦虑的时候孩子会更易怒。情绪自我察觉的一个关键部分是认识到自己情绪对他人的影响。你的宝宝正在看着你！想想他接收到的是什么信息。

那么胡安在这种情况下要怎样理解自己的害怕情绪呢？他需要意识到他的行为反馈很有可能会助长而不是减少霸凌的情况。如果他希望霸凌的情况结束，他需要学习用其他的行为反馈方式传达他的想法。请注意，这里给出的建议并不是尝试改变孩子的感受（你无法通过语言沟通帮他走出害怕的情绪），而是改变他应对恐惧的方式。

你可能会好奇即使胡安意识到自己的恐惧情绪，也知道他为什么恐惧以及他的恐惧会加重霸凌的情况，这能有什么帮助。前两点，认识到恐惧和恐惧的原因——欺负人的孩子都比我大，其中两个跟我搭一辆校车，而且我看到过他们欺负其他孩子——让胡安有机会思考他会如何反应。假如他意识到展现出自己的害怕会让情况变得更糟糕，他也许能够选择一种不同的反应方式，例如坐在原位忽视那些孩子的行为，不产生眼神交流并且专注在自己的事情上面。所有这些反应会剥夺霸凌孩子想要达到的效果。虽然这不能确保当下能阻止霸凌行为，这至少帮助胡安对自己的行为有了更多掌控。选择采取这其中任何一种反应，而不是表现出自己的恐惧要求胡安首先能够标记自己的恐惧情绪，知道为什么他会感到恐惧而不是愤怒、悲伤或者其他情绪，并且最终理解展现自己的害怕可能解决不了问题反而会加重问题。

● 要点提示

检查下自己有没有对于男孩子理解自己情绪的偏见。放下这些偏见！胡安如果被鼓励去理解自己的情绪和如何应对这些情绪，他对霸凌的反应会更加有效。

锻炼情绪的自我察觉

你很可能会怀疑教育孩子参与上面描述的自我察觉是否可行。答案是肯定的，但这需要大量的练习，需要成年人帮助儿童去探索、标记和理解他们的感受然后讨论应对各种感受的可能的方法。在大人的引导下，就像胡安的父亲在下面这段对话中所做的，孩子们会开始掌握情绪的自我察觉。

爸爸：胡安，你今天上学感觉怎么样？

胡安：不是很好。

爸爸：是什么让你感觉"不是很好"呢？

胡安：班上有几个坏孩子。

爸爸：他们做了什么令你觉得他们很坏？

胡安：他们欺负我。

爸爸：这感觉肯定十分讨厌。

胡安：没错。

爸爸：他们怎么欺负你的？

胡安：他们叫我"小矮子"，还取笑我的眼镜。

爸爸：这可不好。他们这样做的时候你是什么感觉？

胡安：我不清楚。但是，其中两个人跟我搭同一辆校车。我不想再搭校车了。

爸爸：嗯，听起来你可能被这些孩子吓到了，是吗？

胡安：是的。

爸爸：我很高兴你告诉了我。你觉得他们知道你害怕了吗？

胡安：我不清楚。

爸爸：好吧，那他们欺负你的时候你是怎么做的？

胡安：我跑去坐在老师旁边。

爸爸：我相信坐在老师旁边让你觉得更安全。那你坐在老师旁边之后那些孩子是什么反应？

胡安：他们指着我嘲笑直到老师要他们停下来。

爸爸：在回家的校车上呢？有发生任何事情吗？

胡安：有，他们说我是找老师的小宝宝。

爸爸：所以跑去坐在老师旁边让他们嘲笑你是小宝宝。这肯定很伤人。你能理解你为什么说今天上学感觉"不是很好"了。

胡安：是的。

爸爸：我们来聊一聊如果下次这些孩子再这样打扰你，你还可以怎么做。

● 思考

在你与孩子进行像胡安的爸爸与胡安的谈话的时候，你应该用到"欺负"或者"霸凌"这样的词吗？用到这样的词不会让胡安更加害怕吗？

"说实话总是好的"是教育中一条有价值的准则。霸凌的程度可以从轻微到令人恐惧。定义何为霸凌行为的标准是，是否存在伤害他人的意图。不管你是否使用"霸凌"或者"嘲笑"这样的字眼，或者用其他词代替，孩子的情绪反应不会随着你措辞的改变而改变。对孩子最大的帮助是帮助他思考如何应对霸凌，这会帮助他们减少害怕的情绪。

加强情绪自我察觉的教育

你可能会认为上面的谈话对于一个 6 岁的孩子来说过于复杂了。注意下胡安爸爸的谈话艺术。这位爸爸尽了最大的努力帮助胡安培养情绪自我察觉。还有记住，你跟孩子可能需要多次这样的谈话和讨论，正如培养其他你想让孩子学会的能力一样。记住，就像踢足球、弹钢琴和背乘法表一样，情商是一项需要练习的技能。一节课的学习并不足以让孩子培养出这些领域的技能，也不足以培养出情商能力。

● 要点提示

孩子会模仿你的行为。如果你希望孩子发现情绪的产生，你自己就要做到这一点。同时你还需要展示如何谈论情绪。

标记情绪

谈论情绪的时候使用准确的词，例如愤怒（生气）、难过、害怕、窘迫难堪、兴奋、高兴等，而不是一直用一些例如"不安"的宽泛的词。家长使用的语言越准确，孩子越容易区分开不同的情绪，例如"生气"和"害怕"都会令人感到"不安"。所以，掌握情绪词汇吧！注意在上面的对话中，当爸爸第一次问到胡安的感受时，他的回答是"我不清楚"。当孩子弄不清楚自己的感受时，家长可以基于你对孩子的了解和已知的信息做出一个教育性猜想。胡安爸爸做出的猜想是胡安被吓到了，这帮助胡安认识到并且标记自己的情绪。

1岁大的孩子也会开始学习情绪词汇，所以早期教育中可以开始使用情绪词汇，就像孩子用语言标记物体一样。

根据个人脾性，模仿大人的行为和过去的经验，不同儿童感知到的情绪很可能有强度上的不同。例如，一个孩子可能会对看医生感到恐惧或者担心。这两种情绪是不同程度的"害怕"。对于生气（易怒到暴怒）、难过（心情低落到沮丧或不安）、幸福（高兴到极度兴奋）、恶心（反感到厌恶）以及难堪（不舒服到感到窘迫或受到羞辱），试着将不同程度的情绪词汇与孩子的行为或者语言描述相对应。尽一切努力去避免使用那些强度最大的词语表达，强度更低的词汇是更适合的。你不会希望自己的词语选择加重孩子的不安情绪！

练习理解引发情绪的原因

情绪提醒我们有一些事情很不正常或者有一些很好的事情发生了。教育孩子去理解情绪产生的原因，就像如果你孩子感到胃疼你会知道是因为他吃了太多糖果造成的。把情绪与情绪产生的原因或者导火索连接起来，这能够让你更有效地管理情绪以及自己的行为反馈。

胡安的警告系统正提醒他那些孩子正在做伤害他的事情，而且他们在校车上更有机会继续这样的行为。在这种情况下感到害怕是正常的。你可以通过问一些开放性问题（例如，是什么让你有这样的感觉？或者，发生了什么？）帮助孩子去理解这一情绪的原因。或者，你可以用一种间接的方式，用一种代入人物故事的方式，让孩子去发现故事中的人物是什么感受以及是什么引发了这样的感受。最后，你可以提醒孩子你是如何将情绪与起因联系在一起的。"记得那天我因为得知一位好朋友得了癌症而感到十分低落吗？"

练习理解情绪对他人的影响

再次强调，教育孩子注意情绪影响最好的方法之一就是使用具体经验。"记得那天你很生姐姐的气然后冲她大吼大叫吗？你冲她吼叫之后，她是怎么做的？"帮助孩子将自己的行为和对他人产生的影响联系起来。意识到自己的情绪对他人的影响会让孩子更少地用一种破坏性或者带有伤害性的方式表达情绪，或者因为对方达到了想要的效果而使得自己变得很容易受他人影响。

很多人会用到某种形式的"冷静期"的纪律方法，这也可以用在情商的建立上。冷静期可以让孩子安静地坐在指定的地方，让他在不良表现之后有时间冷静下来并思考自己的行为。两到三分钟之后，去问孩子下面这些能够帮助建立情绪自我察觉的问题。

第一个问题，问孩子他的哪些行为是不合适的。假设你的 4 岁孩子抢过来一个玩具并且朝另一个孩子身上扔过去，帮助你的孩子认识到自己的不正确行为，然后问他为什么你要这样做。你会惊讶到孩子会说什么，例如"他不让我玩那个玩具"。这时候你能给出的有效建立情绪自我察觉的回答是，"这可能让你感到生气（或沮丧）因为你很喜欢那个玩具"。帮你的孩子发现和标记情绪能够让他获得这种能力，以后能自动标记这一方面的情绪。最后，问你的孩子除了拿起玩具扔向对方他还可以怎么做，以一个更合适的行为反应来结束这一谈话闭环，教会你的孩子不应该受到情绪的控制，而是可以选择如何应对情绪。问问可不可以玩玩具，提出分享玩具的建议，或者寻求大人的帮助都可以让另一个孩子更想跟你的孩子一起玩。但是抢玩具会令其他孩子不想跟你的孩子一起玩，对于这一点他越快认识到越好。

第 4 章

自 尊

　　你希望你的孩子成为自信而不自大的人吗？你希望他在需要的时候能够追求自我提升吗？你希望他能够真诚地说出"对不起"吗？你希望他能够认识到自己的优势同时也能发现自己的错误并且修正吗？几乎所有家长的回答都会是"是的，我希望我的孩子能够做到"。在儿童自我尊重培养方面，通常情况下，问题不出在家长的用意，而在于对于如何帮助孩子建立自我尊重的观念和做法。

什么是自我尊重？

关于培养孩子自我尊重的建议令人困惑，有时候还很矛盾。多数建议会采用不同，有时混淆的语言描述——什么是自我尊重？是自信，是自我概念，还是自我接受？而且这每个不同的说法之间又有什么区别呢？自我尊重一词，如本书第1章情商比例模型介绍的，包含了上面所有的概念。自我尊重指的是客观分析自我的能力。你擅长做什么？不擅长什么？自我概念是自我尊重的一部分，可以理解为对自我优势和限制的意识。

自尊强调不论你喜不喜欢都接受自己，有时也被称为自我接受。一个孩子可以有很高的自我接受程度，同时也知道自己有必须提高的能力或知识领域；事实上，这种对自我认识的组合对儿童和成年人都是十分有益健康且恰当的。

● 特别说明

真正的自我尊重——与自大和傲慢相反——是伴随着相当的自信，同时也愿意承认错误。如果一个人经常夸大炫耀自己的成就但从不承认错误，那么这不是真正高程度自我接受的表现。

最后，自信指的是孩子对于自己完成任务或挑战的能力是否有信心。这样的自信或者态度直接来源于对自己长处和限制的准确意识，同样也是健康的接受，因为他不需要假装自己有某种能力或者隐藏某种弱点。事实上，自我接受与自我提升共存的双子塔能够进一步增强一个人的自信心。

为什么要自我尊重？

孩子们会面临很多挑战，自我尊重程度越高，他们越有可能战胜挑战，并在此过程中增进对自己的认识，从挑战中学习哪些对他们是重要的，学习到自身需要提高努力的方面，并且为下一个挑战积累自信的态度。家长毕竟没办法每分每秒都在孩子身边，所以孩子需要锻炼自己处理挑战的能力。而且记住，高程度的自我尊重并不表现为自夸或傲慢；真正高程度的自我尊重的典型表现是自信且谦虚。

● 要点提示

拥有良好自我尊重的成人和 6 岁以上的儿童在犯错时能够更好地道歉。为什么会这样？因为他们可以接受自己的不足（有些时候不足会导致犯下需要道歉的错误）而不失自信。

自我尊重的组成构建

记住，自我尊重包含了三个不同但同等重要的组成部分：对自身优势和弱势的准确意识，健康的自我接受同时努力提高不足，来源于自我接受和自尊的自信心，这让你知道自己具备哪些能力可以应对困难和挑战。

举例说明，一个有健康的自我尊重的孩子会如何评价自己的学习能力："我的数学比拼写要好得多（意识），但是没关系，我正在努力练习拼写（接受不足并想要进步），而且我在一点一点进步，通过努力我知道我能够有很好的拼写能力（自信的态度）。现在我一点儿也不害怕拼写测试了。"

对自我的准确意识

在出生后的头几个月，初生婴儿就很快地感知到自我。一个很明显的自我意识的早期表现是他们对手和脚的探索。你兴许还记得你两个月大的宝宝会开始兴奋地踢脚。"这是我的脚呀！"他踢脚的时候可能是这样想的。或者你发现宝宝会盯着自己的手看的时候，"我"的意识正在形成；生理上的自我意识已经开始了。自我意识远远不仅局限于孩子对自己身体部分的理解，还包括了对自己性格、能力和兴趣的理解。

将"我是谁"的准确描述看作自我尊重（在有些文献中也被称为自我概念）的一部分。大多数3岁大的孩子能够准确地描述身体特征，例如"棕色头发"的"男孩"，等等。再大一些的孩子能够轻松地加上其他特征描述，比如身高、体重、眼睛和皮肤的颜色，等等。对自我的描述从身体层面到分类层面，例如"一年级学生""女童子军队员"或者"姐妹"，再到更复杂的不容易量化或者分类的其他特征描述，例如喜好、性格和能力。

在跟孩子交流的时候很难完全避免评价型语言的使用。所以，当你听到评价型语言例如"你是一个很棒的大哥哥"，告诉孩子他做了什么很棒的事情，比如说"妹妹哭的时候，你给她安抚奶嘴安抚了妹妹"。

提到自我概念的时候将注意力放在准确的意识上。为了帮助你的孩子建立准确的自我概念，使用描述型语言描述他的行为而不是单纯地评价。一句描述型的话听起来是这样的，"你在那道数学难题上花了二十分钟，这证明了在受到打击的时候你可以继续坚持"。这样简单的描述比起一句"你很好地完成了数学家庭作业，我特别为你感到骄傲！"能够更好地帮助孩子建立"坚定"或者"坚持不懈"的自我意识。描述他的行为能够让孩子更加清楚地意识到行为对事情结果的作用，也能够让他更清楚地认识到怎样的行为在过去的经验中是行得通的，并且在下次碰到难题的时候他更可能会重复之前成功的行为。

那么，不足之处怎么办？孩子的不足也要描述出来吗？记住，自我尊重的一部分是认识到自己需要提高的地方。观察和描述他的行为会帮助孩子发现需要努力提高的地方。并且，如果家长将观察结果用一种中立的（而不是品头论足的）语气平静地表达出来，这会为你的孩子提供一面镜子，帮助他建立对自己行为的意识。类似"我注意到你一觉得困难就放弃了那道数学题"的描述型语句能够帮助孩子看到自己的行为。

但是，接下来该怎么做？继续观察。也许孩子会再次尝试解决困难，或者会向你寻求帮助。两种行为都显示出了克服至少一个弱点的努力（容易放弃或者不足的数学能力），然后再次，描述孩子面对困难坚持不懈的选择。

但是，如果他都不打开数学课本怎么办？同样地，描述你看到的孩子的行为，然后帮助他看到行为可能导致的结果，"你选择了放弃数学，明天课堂上数学老师要收家庭作业或者让你在全班同学面前解一道题的话，你怎么办？"

● 要点提示

避免想要立马修正孩子不足之处的想法，例如，立马让孩子改掉做作业三心二意的习惯。保持中立——这对孩子的自我接受和自我尊重有好处——描述你所观察到的，然后问问题帮助孩子弄清楚他选择的行为会带来的后果。

优点和弱点的自我接受

自我尊重的第二部分是自爱，或者不管是否喜欢能够接受、尊重自己本来的样子。过去几十年里有一些（误导性的）育儿建议会说为了建立自爱，家长需要不惜一切让孩子觉得自己是很棒的。遵循这样建议的家长可能最后会变成即使在知道孩子做得并不好的时候，也是一味地表扬。"你是一个艺术家"或者"虽然你今天没有拿到分数，但你比任何人都要表现得更出色"，又或者"你的科学作品是最棒的，你本应该得到第一名"，这样的表扬并不会自动建立出健康的自我接受。更令人感到讽刺的是，有时候科学作业那条评价，还是在家长参与完成了75%的工作的时候，孩子对于这一点很清楚！

这样的行为和评价对孩子的影响并不有趣。孩子在听到这些话的时候可能正在形成（或者已经形成）这样的想法，"爸爸认为我不能独立完成作业，所以他基本上帮我做完了，他现在还想让我觉得好受一些"。健康的自我接受更应该是孩子寻求帮助，家长有限度地提供帮助，展示给孩子看怎么完成任务然后让孩子自己完成；替孩子完成任务会侵蚀自我接受，还会隐晦地给孩子传达出弱点是需要隐藏而不是克服的错误信息。

回到碰到数学难题的那个例子。如果某一方面的能力是孩子的弱项，家长如何帮助孩子建立自我接受同时不伤害到孩子的自信？首先，确保那项技能或者行为在孩子的年龄和能力范围内是合适的。让三年级的孩子去解决一个七年级的数学问题是不合适的，除非你的孩子是数学天才。现在尽管假设指定的任务是适合孩子的，在困难和挫折面前，有些孩子会放弃，这时候就需要家长的引导和帮助。问问你的孩子想不想学习如何解这道数学题。你可能觉得这是一个很蠢的问题，因为孩子的回答可能是"不想"。儿童渴望成功，而且他们通常会享受让老师和家长感到高兴（不管怎么说，大部分时候是的！）。所以，孩子拒绝的回答给了你一个提示，就是你的孩子可能因为害怕失败，害怕让你失望或者其他原因，正在逃避他的弱点。所有这些原因都指向了自我接受的缺乏。不管是什么原因，家长必须帮助孩子认识到所有人都有各自的强项和弱项，努力提高自己的弱项是唯一的将弱项转化为强项的方式。跟你的孩子分享一个你努力坚持提高自己的故事（例如学习一个新的软件、开始一项新的运动、在你上学的时候在不擅长的学科领域上付出更多努力的例子），同时分享你得到的结果。或者，提醒孩子回想下他自己以前坚持不懈获得更大的成功的例子。

● 问题思考

作为家长，我们的自我接受程度取决于孩子是否表现优异吗？

当家长的自我接受与孩子的成就相冲突时，不可避免地家长会感到过多的压力，认为弱点是无法忍受的，或者阻止了孩子获得准确的自我理解的能力。并且，假如你依赖于你孩子的成就，你的自我尊重会受到损害！

那么，鼓励你的孩子重新坐在书桌前再次尝试解开那道数学题。在孩子需要帮助的时候帮助他，但是绝不要替他完成作业。帮他完成作业会更加打击他的自我接受（"我数学实在是太差了以至于爸爸不得不帮我完成"）和自信（"如果老师叫我在黑板上做这道题我是做不出来的"）。没有人是完美的，只承认强项而试图掩饰弱项，这对孩子的自我尊重是不利的。如果孩子依然拒绝尝试解开那道数学题怎么办？搬出家庭规则，例如不完成家庭作业之前不允许看电视或者玩电脑，同时表达清楚你很乐意帮助他一起思考问题。换句话说，与孩子沟通，放弃是行不通的；承认我们的弱项并且努力获得提高才是应该的做法。

● 问题思考

家长应该在与孩子的沟通中使用"弱点"这样的词吗？

你可以使用任何你觉得舒服的词——弱项、限制、机会、有待提高的方面或者有待发展的方面——但是注意不要传达出弱项是坏事的意思。传达态度的不会是你的措辞选择，而是你接受孩子确实存在弱点的能力。

下面这个故事也许会有帮助。一位儿童读物作者正在向一群学龄前孩子读她的故事初稿，这样可以获得一些反馈。她邀请来了她的插画家，这样他们可以在阅读之后一起跟孩子们玩一些有趣的游戏，例如向孩子们展示画家是如何画小动物的。一个调皮的孩子问作家："你为什么不画画呢？"作家回答："因为我不会。"孩子们的老师，一位十分擅长协调儿童发展的老师接着对作家说道："我认为你的意思是你还在学习如何画画。"这句话就是自我尊重的核心：了解并接受自身的强项和弱项是一件有利身心健康的事情；同样地，想要进步的决心也是健康的。

那么假如孩子确实表现十分优异，家长应该说些什么？可以承认孩子的优异表现，但是要关注在过程和可见的结果上，而不仅仅是评价孩子。描述孩子的行为总是合适的。"整个赛季你都在练习断球，今天的球赛中你断了对方四次球！"，不要说"你是最棒的"。

● **要点提示**

评价型语言就像害虫。注意你对孩子说了些什么，是否经常说"很好""太了不起了""最棒的"或者"太棒了"？如果有，尝试多用一些描述少一些评价。评价型词语不会帮助孩子对一个人怎样的行为能够称之为很棒或者了不起获得一个准确且客观的感受。

一个长期听到"最棒的""最有天赋的""最聪明的"或者"最

受欢迎的"这样评价的孩子可能会得意忘形变得自大（自大与自信不同），然后忘了到底怎样的行为能够让他受欢迎、变得聪明或者优秀。真实的自我接受包含了对强项和弱项的理解，并且将自己的真实情况与努力目标相挂钩。一个真正自我接受的 9 岁足球队员应该是这样的："我今天断了对方很多次球，但是在传球上我做得没有那么好，教练说她可以帮助我在传球上多加练习，所以我会要求增加练习量。"

自信

在自我尊重的描述中自信适用于哪一部分？把自信看作一种孩子们知道自己拥有哪些能力和技能的态度。然后，在孩子完成任务时，他们会自然地收获自信。骑自行车不摔倒给了你的女儿下次继续骑自行车的自信。第一次参加舞蹈比赛给了孩子下次比赛的更多自信。一次数学测试中获得超高分给了孩子解决数学难题的自信。

记住，关注过程和具体的行为（例如，孩子完成了家庭作业，完成了老师的预习任务，然后让你出额外的练习给他）可以让孩子更好地理解自己的做法和带来的积极结果。另外，你是在描述具体的行为。因此孩子能够认识到这些行为并且重复它们。没有对孩子行为的描述，笼统地表扬"你做得太好了"或者采用评价型语言"你是一个很棒的画家"最终可能会侵蚀孩子的自我尊重。假如你都不知道你自己做了哪些好的事情，你如何获得自信？假如好的行为没有被描述，你如何重读好的行为？而且，如果说你是一个"很棒的"画家，那孩子很快能意识到你也可以是"很糟糕的"。

不要代替孩子完成一些他们可以独立完成的任务。那样你是在剥夺他们通过练习能力或行为建立自信的机会。

或者，更糟糕的情况是，试想下表扬大于实际表现会带来什么影响。当孩子听到"你足球踢得真棒"，而所有人，包括孩子自己清楚这个评价是夸大了事实的时候，会让孩子对于自己的不足感到更加不安。"是我太糟糕了吗？所以爸爸妈妈明知道我表现并不好的时候还告诉我我很棒？"孩子可能会产生这样的想法。还有作为提示，假如一个人在某方面是"很棒的"，那么也会有"很糟糕"的一面。你的孩子也许很快就能总结出这一点，那么如果在他没有听到"很棒的"表扬的时候，他会觉得那么他一定是"很糟糕"了。

自我尊重：育儿实践

那么帮助孩子建立自我尊重家长可以怎么说怎么做？家长可以做的有很多！首先，展示积极发掘准确的自我意识的能力，健康的自我接受强项和弱项以及想要进步的想法和自信。跟孩子的沟通中，记得描述他们的行为，为他们的成就庆祝（但要加上让孩子知道下次如何再次取得成功的沟通），并且谈论如何提升不足之处。通过教授能力来支持孩子的努力，而不是代替孩子完成任务。

娜塔莎（泪眼汪汪的）：我害怕我今天会表现不好。教练们都指望我能够赢得比赛。

妈妈（轻轻地拍着娜塔莎的肩膀）：教练的话让你感到很多的压力？

娜塔莎：是的。

妈妈：来想想你这个夏天的练习。你做了大量的发球练习，然后每天你都练习如何回球。（准确地描述行为）

娜塔莎：我知道，但我还是害怕。

妈妈：你当然会感到害怕，这是一次重大的比赛。你整个夏天都在为比赛做准备。刚开始的时候，你发球发得并不好（展示接受不足之处），但是现在在你过去的三次比赛中你没有一次因为双误发球丢分。（准确地描述行为；承认进步）

娜塔莎：而且我还在练习结束后让教练帮我练习发球，所以我能做得更好。（接受弱项，想要进步）

妈妈：而且我也看到过你练习回击球。（准确地描述行为；接受现有行为并想要进步）

娜塔莎：是的，教练还数过我回击的次数，我从 50% 的回击率进步到了 80%。对于回击，我感觉更好了！（自信的态度）

妈妈：这太棒了！我为你感到开心。

娜塔莎：我还是会紧张因为我想要赢下比赛。

妈妈：你当然会想赢，获胜是有趣的。但不管结果如何，你在这个夏天进步了很多，而且如果你继续保持练习你以后网球会打得更好。（展

示接受和自信的态度）

　　孩子在重要的比赛、测试或者事情之前会感受到焦虑。实际上适当程度的焦虑会帮助人们表现得更出色。完全不感到焦虑的人可能是不够在乎是否能表现出他们最好的状态，而过于焦虑的人通常会因为焦虑表现不佳。因此，不要试图让孩子免于焦虑的感受！

　　娜塔莎和她妈妈的对话有很多地方可能会是失败的。看看下面一些回答，想想这些回答是否能帮助孩子建立健康的自我尊重。所有回答都是出于想要安慰孩子的好意，但是好意并没有起到作用，对情商的培养也没有多大帮助。

　　娜塔莎（泪眼汪汪的）：我害怕我今天会表现不好。教练们都指望我能够赢得比赛。

　　妈妈：我知道你能赢下比赛的。你网球打得非常好！（这句话是在试图建立自信但是"非常好"不足够具体。）

　　娜塔莎：但是我控制不了我的紧张。

　　妈妈：是的，但是你最近练习非常努力而且进步了很多。（"努力"和"很多"这样的词汇不够具体所以没有起到作用。妈妈还可以描述哪些行为？而且，她可以承认弱点自我接受并且想要进步吗？）

　　娜塔莎：但是如果我输了怎么办？

　　妈妈：好吧，那我们来谈谈如果你输了怎么办。你应该只想着你现在变得多好了。（这是建立自信的尝试但是并不基于娜塔莎的行为。）

娜塔莎：但是其他选手也很棒。（注意到孩子并没有通过宽泛和评价型的表扬得到安慰或者自信。）

妈妈：没错，所以你只要表现出你的最好就够了。（"你的最好"的行为表现是什么？有没有可能你做到了最好还是输了？这个鼓励可能会让娜塔莎更加紧张。）

第二轮对话剥夺了娜塔莎理解自己已经做了哪些努力和如何获得自信的机会。基本上没有提到娜塔莎对自己弱项的自我接受，也没有提到想要取得进步的想法，关注点落在了比赛的输赢上。

在帮助孩子建立健康的自我尊重的过程中记住三个要素：准确的自我意识、健康的对强项和弱项的自我接受（伴随着想要进步的心态），以及来自于对自己强项和弱项的了解。持续进步的努力和自信会获得进步的自信的态度。

第 5 章

自我实现

自我实现对儿童来说是一个很遥远的理论，特别是对 10 岁以下的儿童。但是，这个理论是能够很好地适用于儿童发展的，即便是对学龄前儿童来说也是这样。如果你有听过 5 岁的孩子说他"喜欢画画"，或者 7 岁的孩子说想要收留一只无家可归的小动物，或者 9 岁的孩子说到长大后希望成为出色的体操运动员，那么你已经听过儿童如何反映出自我实现。

什么是自我实现？

如果你希望你的孩子去追求他喜爱的事情，从参与喜爱的活动中获得满足感，并学着对自己的参与及表现设定目标，你就是在支持孩子的自我实现。所以不要被这个看起来宽泛又远大的名称吓到，而是想想孩子喜爱的活动中，都有什么（适合孩子年龄的）目标、目的、意义、满足感和愉悦感。

自我实现为什么重要？

你可能会思考，"一个5岁的孩子为什么需要知道什么是目的？难道他不是仅仅享受当一个孩子的快乐就好了吗？"快乐当然没错！但是，一件事情的目的并不意味着需要剔除快乐或者玩乐去追寻。相反，目的和意义有时候会增添乐趣。在海滩上玩沙子建城堡，母亲节或父亲节为爸爸妈妈制作礼物，或者学会骑自行车都是有意义和目的的活动。当孩子参与有目的的活动时，通常他们会享受（或者至少从中学习）过程，并在看到最终的成品或者达到目标的时候感受到一些成就感和幸福感。这时候旁边的人可能会分享到这份喜悦，那么就会加强孩子的行为，例如努力（练习花样骑车技巧包含了艺术欣赏）、冒险（学习在自行车上保持平衡的过程可能会摔很多次跤）或者坚持（有人不小心踩坏了你的沙子城堡之后去重建）。

● 知识普及

婴儿拿奶嘴放进自己口中，用力拉扯毯子拿玩具等，这一系列行为，都是在展示有目的的活动。早点开始"设定目标！"

学会设定目标——可以是学会骑自行车不摔倒、第一次独立阅读或者尝试关灯睡觉——教导孩子进行自我提升、学习新的技能或者完成某件重要的事情。在孩子们未来的人生中，不论是在学校（例如获得某种学历）、工作（例如获得一次升职）还是其他个人事情上（例如存钱买房子），都会需要设定目标的能力。所以，不要让孩子把自我实现看成是一件仅仅关于目标、成就和目的之类严肃的话题，而是帮助孩子认识到有许多自然地设定目标的方式，并且认识到达成目标后的喜悦。

自我实现的案例

接下来一位 7 岁小朋友的案例可能对你有帮助。马修喜欢在游泳池玩水但是他不会游泳也没有兴趣学习游泳课。有一天马修去邻居家泳池与邻居家的双胞胎孩子一起玩水，后来发现泳池正在进行旋风森林游泳队的夏季选拔赛。夏季游泳是一项十分受欢迎的活动，这支泳队经常获得城市比赛的胜利。双胞胎已经可以完成二十多米泳道不碰到水线也不触到泳池底。马修渴望极了能跟双胞胎和其他小朋友一起加入游泳队。他提出想尝试游泳。

尽管不擅长游泳，马修决心要努力进入泳队。所以他就狗刨式完成了二十多米的泳道，没有触碰水线和池底。更棒的是，马修游两三米就停下来擦下脸上的水，他克服了一直不学游泳的原因！

以设定目标的角度来看——马修发现了对他来说重要的事情，加以决心和勇气，他做到了。离开泳池的时候，他很累，大口呼吸着，但很高兴地看着自己完成的泳道。他兴奋地等不及要跟所有人分享这一好消息！马修的父母感到很惊喜，他们知道支持孩子的努力是唯一正确的事情，所以他们为马修加入游泳队支付了费用。虽然马修还是会跳下起点而不是潜水，也还会经常在比赛中擦脸上的水，他还是在一点点进步中。

到了马修8岁的夏天，他获得了泳队的"最佳进步"奖。到了10岁，马修成为同龄孩子中的"最有价值"游泳选手。他开始赢下比赛，加入全年游泳队，并且定下目标要在大学达到游泳的最高水平（加入全国大学体育协会的第一分部）。马修获得了体育游泳奖学金，并在大学保持了自己游泳前十的纪录。7岁的马修设定了他的目标，达成了目标并且最终收获了满足感和喜悦。他也在其他方面有所获益。他学到了成就有时是需要极大的付出、努力（魔鬼训练）和一些牺牲（高中每天早上五点起床游泳再去学校）的。换句话说，马修学会了事情的先后顺序，学会了纪律和努力。这些帮助他从大学光荣地毕业，也为他作为一位运动员的竞争生涯助力。

● 问题思考

如果当初是马修的父母强迫他加入泳队，你认为他还会成为一名优秀的游泳运动员吗？更重要的是，如果在马修准备好之前就被父母要求学习游泳，他还会享受游泳，还会收获同样的满足感、成就感和激励吗？

当然不会。允许、支持并鼓励孩子，但是不要强迫他们。强迫并不能带来案例中积极的结果。

儿童和目标设定：家长、孩子还是共同参与？

相信很多人都见到过在足球场边过于激动的家长。他们会在赛场旁催促孩子更努力、跑快些或者把球踢得更直一些，等等。家长有能力帮助孩子理解设定目标和成就的重要性，但是帮孩子决定目标并不是明智的做法。足球场上的孩子一般会因为场边激动的家长感到更多还是更少的激励？同样还有守在练习场的家长，坚持在院子里陪孩子加练的家长，能够更好地激励孩子吗？我想你是知道的。

● 知识普及

一位著名的人类心理学家，亚伯拉罕·马斯洛对自我实现的定义与情商模型中对自我实现的定义有一些不同之处，但两者都包含了寻找意义和满足感。马斯洛更加关注内在平静，而情商模型强调目标设定，目标达成并最终收获喜悦感。

基本上，孩子有三种参与活动的方式。第一种模型是家长选择一种孩子会喜欢并且想要继续参加的活动（共同选择）。第二种模式是家长选择孩子并不想参加但是被强迫参加的活动（家长选择）。第三种模式中，孩子自己找到具有挑战性但能够从中获得满足的活动然后家长给予支持（孩子选择）。马修游泳的例子就属于第三种模式。

内在和外在激励

在讨论三种选择模式的作用和影响之前，先看看内在激励和外在激励的不同。内在激励是来自于自身和内心，它能够让孩子（和大人）因为享受于某件事情本身以及做这件事情的收获，从而为了自己的追求不断努力。内在激励不需要哄着骗着或者任何形式的奖励，参与这件事情本身能带来喜悦和满足感，进而促使孩子参与其中。

与内在激励不同，外在激励需要某种形式的外来的激励或奖励来促使孩子做一些事情或者完成某个目标。额外的零花钱、看电视的时间或者玩电脑的时间可以是通过好成绩换来的，在足球赛中得分或者获得童子军活动徽章都是外在激励的例子。外在激励在事情对孩子十分有挑战性时是有效的，但在任务已经掌握了之后，显而易见就是不必要的了（例如戒掉尿布这件事！）。

● 要点提示

如果你要使用外在激励，试着让激励成为对孩子积极的事情，而不是没有完成某项任务而带来的消极的事情。并且确保你选择的激励是孩子想要的，而不是你认为孩子会喜欢的或者对于你来说方便实施的激励。

外在激励在孩子必须参加的活动（例如上学）和孩子已经喜欢的活动上经常起不到作用。为什么会这样？简单地说，我们在给孩子传递的观念是外来的奖励比内在满足感和来自参与及成就的喜悦更加重要。心理学家将这种影响称为过度辩护效应——换句话说，过多的外在激励可能削弱内在动机。家长在不必要的时候给予外在激励其实是在"过度辩护"孩子的努力。

读二年级的艾米丽就是一个例子。艾米丽和她的父母每天晚上睡觉前都会习惯读两本书，一本是艾米丽大声读给父母听，另一本是父母为艾米丽读。艾米丽很喜欢这个惯例，但 9 月份开始的某天她对妈妈说今晚不用看书了。妈妈问道为什么不需要了，结果好像是艾米丽的学校开启了一个激励项目，如果学生能在当月读完至少 15 本书就能获得奖励。好笑的是，奖励是当地一家比萨店的 3 美元折扣券。所以，即便艾米丽并不能直接获益于这个奖励——毕竟，她一个孩子不用自己为比萨买单——事实却是，这项奖励确实减少了艾米丽读书的内在动机。她为了奖励（外在激励）已经达成了阅读量，从而失去了对阅读的热情（内在激励）。毫无疑问，艾米丽的妈妈去了学校，她建议学校开始新的激励策略，让孩子们每天早上写一篇前一天晚上阅读的阅读日志。第二天晚上，艾米丽对阅读的热情就回来了。

共同选择活动：家长和孩子的共识

共同选择的活动可能一开始是家长为孩子挑选的——帮女儿报名参加女童子军，垒球或者体操活动——然后孩子接纳并喜欢的活动。实际上家长选择了符合孩子脾性、天赋和兴趣爱好的活动。孩子热情有乐趣地参与其中。一切都很好。

但是也有出问题的时候。如果家长给予了支持和鼓励，然后让孩子和活动领导者做决定和设定目标，那么一切都很和谐。孩子很可能会为赢得徽章、比赛得分或其他事情设立自己的目标。家长可以对目标有所要求，但是如果孩子感受到了过多的对于结果的要求或者过多的压力，通常就会退缩。或者，更坏的情况下，孩子会因为参加活动是为了取悦家长而对参与活动感到越来越没有吸引力。

家长坚持要求的额外练习，越来越高的目标和形式的要求可能会剥夺孩子参与活动的乐趣。或者，孩子会开始反感或者开始产生退出的想法。所以，如果某项活动符合你的孩子，让孩子以自己的步调自然地发展。

但是如果孩子对赢得徽章、练习侧身翻或弹钢琴并没有兴趣的时候，家长应该做什么？家长可以对孩子设立期待吗？毕竟家长都是在花费宝贵的时间和金钱去支持孩子的活动而且孩子也答应了会好好参与。有一个简单的法则：几乎在所有情况下，如果你的孩子真的享受某项活动（也就是能够从中获得意义、满足感和目的），他就会有动力赢得徽章，去练习技巧或者做任何需要全身心投入的事情，因为这能够满足他。

● 要点提示

假如你的孩子不再想要跟家长谈论某项活动，家长要知道这说明你在为孩子设定目标或者给孩子太多设定目标的压力。

假设这是家长在询问孩子活动参与的表现时从教练或者活动领导者口中得知的。换句话说，在教练或领导者的领导下，孩子是受激励并积极参与的。只有在家长参与并施加额外成就之后，孩子才失去了兴趣。记住你的提示。假如家长能放轻松，孩子会自然享受活动并会很好地设定目标。还记得本来不会游泳的马修吗？在他 10 岁或者 12 岁的时候，马修是完全没有想到自己想要成为一名大学游泳选手的。但是他知道他想要游得更快也想要赢得比赛，所以他勤奋地练习游泳。在他体育生涯不断成长的过程中，其他目标才具体形成。

家长选择的活动

　　好意的家长会在孩子 5 岁至 10 岁的时候让孩子尝试无数种活动，从中找到一到两项适合孩子的。这是有效育儿。毕竟，在让孩子尝试之前家长不知道孩子可能会喜欢什么。但是，假如孩子并不喜欢你为他选择的活动，怎么办？应该让孩子退出吗？还是让孩子学会坚持完成活动是有意义的？

　　假设父母双方在艺术方面都很有造诣，一位是美术家，另一位是摄影师。你为孩子报名加入美术、摄影、钢琴课程和戏剧社，但没有一项能够激起孩子的兴趣。他不愿意去参与这些活动。他开始拒绝每一项新的活动。到了 8 岁的时候，他请求参加当地的足球队。而你和你的另一半并不喜欢体育，也没兴趣站在球场边在大太阳底下观看足球赛。所以你发现了一种不同的艺术活动——弹吉他。你答应会给孩子买一把吉他如果他能够坚持学习 6 个月，并且说服了他如果他试一试，他会喜欢上的。两个月过后，孩子请求不想上吉他课了。他并不在乎能不能得到一把吉他。所以，你告诉他如果他坚持学吉他 6 个月他明年就能去踢足球。然而一年的等待时间对一个 8 岁孩子来说太长了。就这样，双方的争执继续着。

让孩子退出放弃某项活动可以很简单。首先，在孩子开始一样活动之前，跟孩子谈谈坚持的重要性。（这对于孩子有选择权的时候也有用。假如是被动参与那么坚持就是一个争论点。）如果孩子加入了一个需要10位队员的团队，那么他的退出会影响整个团队。在孩子参与任何活动之前，让他知道活动的时长以及你期望他坚持多久（例如到下个季度，或者直到感恩节），即使孩子说并不喜欢参加。

　　另外，在让孩子退出之前，与孩子谈谈给活动一次合理的机会。马修加入游泳队的动机并不来自于天生对游泳的喜爱，而是更多地出于想要与朋友在一起的动机。但事实证明，马修开始喜欢运动，因为他不断进步从而感受到更多的乐趣。

　　如果你的孩子想要退出一项由你选择，但是他本人非常不喜欢的活动，该怎么办呢？如果这项活动是你选择的，你可以告诉孩子，这项活动对他有什么好处。假设你的孩子不只是对这项活动完全没有兴趣，相比其他孩子还在这项活动上表现并不好。他感到痛苦并且可能会在同龄人面前感到面子受损。在这种情况下，家长需要介入帮助孩子解决问题。有任何事情能够让这项活动变得更加有趣吗？或者让孩子的情况变得更好吗？如果对你选择的活动不感兴趣，他想要的是什么？记住，如果你的目标是帮助孩子找到有意义的能够给他的人生带来愉悦的活动，那么坚持你选择的而孩子讨厌的事情是不能达到这样的目标的。只要孩子的退出不影响其他孩子的活动（例如退出后团队人数不足），那就让孩子放弃吧。退出之后跟孩子聊聊他想做什么，以及他选择的活动需要他的坚持。

检验下你自己对于放弃的态度以及这种态度是怎样发展而来的。记住，只有几种理由是可以让孩子放弃的——为自己的能力和表现感到难堪，不喜欢或者不感兴趣（谁选择的活动，你还是孩子？），或者一些其他问题，例如过分严厉的教练。找到孩子想要退出的原因，不要机械地说"不"。

接下来这个故事可能可以帮助理解。玛丽的妈妈被劝说认为学习弹钢琴对孩子是很重要的。她没有询问玛丽意见就给女儿报名让她上钢琴课。幸运的是，玛丽很享受与钢琴老师的课堂时间。但她并不喜欢作为7岁初学者必须完成的30分钟的钢琴练习。练习确实是有成效的，在学习了两年的时候玛丽比大多数学习钢琴两年的同龄孩子水平要提前一年。玛丽仍然不喜欢练习，但是由于她喜欢她的钢琴老师，所以她也在享受自己的进步提高。

后来玛丽的老师退休了。玛丽的妈妈为她找到了一位新老师，这位新老师相比第一位老师更加挑剔、严厉。玛丽变得害怕钢琴课，也开始真正拒绝、推脱必要的练习时间。她开始想要放弃。玛丽的妈妈很不理解，告诉她取得了很棒的进步以及她需要学习适应不同的教学方式和老师。由于不允许退出钢琴课程，玛丽吃力地熬过了三年的学习。最终，玛丽的妈妈妥协了。五年以后，后三年是跟新老师学习，玛丽停止在了前两年跟第一位老师学习的钢琴水平。

玛丽的妈妈作为大人向玛丽道歉了，指出自己应该早点让玛丽停止学习。相比认识到玛丽的退缩是合理的不开心的表现，玛丽的妈妈却认为这是孩子不听话的表现并且强迫孩子保持原样。另外，玛丽妈妈不希望玛丽作为一个孩子去做出一些重要的决定。问题的核心不是不听话（玛丽还是练习了）或者对决定的控制权，而是，玛丽被迫参与并不能给她带来满足感或喜悦的事情，并且因此她的表现大幅度下降。

家长也许可以迫使孩子去参与某项活动，但不能强迫孩子去喜欢它也不能强迫孩子表现优异。这些需要孩子的内在激励，当缺乏内在动力时，这项活动最多是被孩子忍受而不是接纳，而最坏的情况会导致不安和反抗。

孩子选择的活动

还记得马修的例子吗？他选择了游泳，是他父母永远不会想到的，因为他不会游泳！马修的父母让他尝试过足球和垒球，但都不是适合马修的选择。他们还给马修报名了男童子军和钢琴课。虽然马修没有一点儿抱怨地参加了，他还是没有被激起兴趣。他并不想玩卡丁车、参与露营旅行、练习弹钢琴或者参加钢琴音乐会。

马修的父母很快地转化了活动，甚至考虑过象棋俱乐部，直到马修自己发现了游泳。有时候，家长对孩子学习和发展最好的支持是跟随孩子的选择！如果家长在一旁倾听和观察，孩子会展现出一条发展的地图。让孩子参与他们喜欢的活动，兴趣会出现，目标会得到达成，满足感和喜悦的感觉会在过程中呈现出来。

如果我不喜欢孩子选择并想坚持的活动怎么办？

家长的支持对孩子意义重大。试想你在支持孩子参与某项活动时，你在向孩子展示什么。另外，支持并不代表你必须参加每一次活动或者表演，但你确实需要至少偶尔参加孩子的活动。

学校：谁设定目标？

对于这个问题，答案应该是——孩子。深呼吸。你真的应该准备好接受孩子在学校的不佳表现吗？不，你并不会。如果一个孩子表现欠佳，原因和缺乏努力、坚持有关，这时候是应该有相应的结果，例如不准看电视或用手机。表现不佳确实与家长对孩子的目标，包括全科得优或其他高标准，相距甚远。

需要做的很简单：设立你对学习准则（努力）和质量的期待，成绩自然会好起来。如果孩子打破了对于努力和学习质量的期待，他会因为糟糕的成绩承受果。给孩子持续的压力要得到全优或者某个特定的成绩绩点会影响孩子的学习。还记得过度辩解效应吗？施加过多与成绩有关的（差成绩有惩罚，好成绩有奖励）外在激励很可能会剥夺孩子学习的乐趣和满足感。学习是有乐趣的，高质量的学习是令人感到满足的，达成学习目标是让人充满能量的。让这些自然产生的回应成为学习的动力。

注意你在家庭中使用奖励成绩的方式，特别是如果你的孩子有特别需要，例如学习障碍。这种情况下对孩子抱有对其他没有特别需要的孩子相同的期待是不合理的。然而，努力却是每个人都能做到的。

家长也应该对努力提出要求和期待，然后是学习质量。这样做，家长会帮助孩子学习到态度、责任和成就的重要性。下面就是一个例子，暑假的几个月里拉马尔的妈妈为他制定了一周读一本书的计划。一开始伴随有外在奖励因为拉马尔不喜欢阅读。他可以选择他想读的任何书只要达到了阅读量。当他问可不可以读《体育图鉴》时，他妈妈同意了并且每周带他到当地的图书馆。很快地，外在激励（更多的玩电脑的时间）失效了。实际上，他太专注于体育书籍，以至于一下子就读完了一堆体育明星的传记。

如果孩子想要用好成绩换取零花钱，家长应该怎么做？

问这样一个问题来回答孩子的要求——为什么他想要更多的零花钱？也许是因为他的朋友受到了零花钱的奖励，也许是他想要花钱。对于这个问题没有一个绝对正确的答案。但是确保你的回答满足两个条件：第一，孩子的内在激励保持强烈；第二，你是在支持和鼓励孩子去完成对他来说很重要的目标。

学习质量呢？同样要制定目标，只要目标是关于学习质量而不是最终成绩。看下这个例子。凯特是一名四年级学生，数学非常好，但是拼写对她来说很困难。每周的拼写测试都让她十分焦虑。凯特父母对质量的规定是她在家里练习拼写直到正确率达到能拼写正确 20 个单词之中的 17 个。有时候这会花上晚上的 20 分钟。通常，凯特想要继续练习直到能全部拼写正确（内在激励）。在拼写测试中，凯特有时能够得满分，但通常还是会拼错三四个单词得到良好而不是优异的等级。但是她的努力是好的，她在进步，并且很好地跟着制定的要求计划。

第 6 章

情绪表达

我们都听过或者可能还说过这句话，"男子汉是不会哭的"。但是这种说法是对的吗？让孩子尝试压抑情绪表达（你自己身为大人都没有办法压抑情绪）能够帮助孩子变得更强大吗？还是说这只会损害孩子的天真、自我接受和人际关系？所有人每天都在体验着多种不同的情绪。情绪渗透于我们的行为之中，也存在于我们的非语言表达之中。同样，用语言表达情绪也是更加诚实和健康的做法。

情绪表达包含了什么？

人类的情绪表达有两种，语言表达和非语言表达。非语言表达通常占了情绪表达的百分之九十，包括眼神交流、面部表情、语音语调、身体语言、手势和例如击打或者拥抱的行为。情绪的语言表达包括 7 种基本情绪：开心、惊讶、生气、害怕、伤心、受挫和厌恶。其他情绪词汇，例如兴奋、受伤或者被激怒都是基本情绪的不同程度表达。例如暴怒是生气这一基本情绪的最高程度，被激怒则是程度低得多的生气。

理想情况下，情绪表达是具有一致性的。换句话说，一个人的语言是符合非语言行为表现的，但是也有不一致的时候。事实上，很多人会逃避情绪的语言表达，而同时用明显的非语言表达。例如你问一个人"你出什么事了？"他回答"没事"，但是是以一种很生气的语气还皱着眉，很显然就是出了什么事情。事实是，对方想让你知道他不开心了，否则他会更好地隐藏住情绪。

● 要点提示

在你深入挖掘本章节内容之前，回想下你的家庭对情绪的语言表达的态度。是被允许的还是禁止的？还是有些情绪是可以表达出来但有些是不行的？很重要的是，你可以主动选择如何教育孩子的情绪表达而不仅仅是重复你父母所做的。

所以为什么那个人不直接说"我很生气，因为……"，很可能是因为大多数孩子都被明确地教育说不要直接说出来你的情绪，或者他们看到大人们的世界里是在逃避情绪的语言表达但同时又有很明显的非语言提示，例如皱眉或者语调激动。又或者，孩子以前确实进行了情绪的语言表达，例如"我害怕那只狗"或者"教练不让我多打一会儿我很生气"，但是只得到了大人诸如"你不应该怕狗狗，它们不会伤害你的"和"你们队有很多出色的队员"的回应。尽管家长的意图都是好的，但是无意间在告诉孩子他的感受是不应该的，这压抑了他未来向你表达情绪的冲动。但是不幸的是，压抑情绪并不能驱散情绪；相反，情绪会通过非语言表达流露出来。简单地说，情绪不是一个你可以随意打开或者关上的电灯开关。一旦产生了情绪，就需要恰当地表达和管理情绪。

为什么情绪表达很重要？

在第 3 章讨论过，人会经历体验各种情绪，所以压抑情绪就是对抗人的自然生理。人类依赖情绪生存——是害怕的情绪让你想要去躲避开一辆向你驶来的汽车——所以情绪一开始是大脑中最原生部位所引起的。无助的婴儿如果没有感知愉悦情绪的能力是无法生存的，也是出于情绪大人才会想要去培养照顾婴儿的基本需求，在婴儿不安的时候去安慰或者陪伴玩耍。

人类也是天生会对威胁产生反应的——不论是迎面驶来的汽车还是一个朝你大吼大叫的人——会有"反抗"（按喇叭，吼回去）或者超过那个疯狂的司机和离开吵架的房间的"逃跑"反应。

新生儿在最开始的几个月里除了哭和出生三周至四周后会笑，没有其他的沟通交流的方式。婴儿的哭声和笑声会引起大人的注意，一方面可以帮他们填饱肚子穿暖和的衣服，另一方面可以确保得到了大人的爱与关注。在人生的一开始，情绪表达就是很重要的，它帮助人们组织语言从而获得自己想要的。

自我组织和需求满足让人感到安全和被爱，这并不会因为后来人学会了走路和说话而停止。实际上，正是语言交流的发展确保了人们有另一种沟通的方式。

冰冷的语言表达会让孩子更难去组织和管理自己的行为。想想那个害怕狗狗的孩子。被告诉不要害怕并不能帮助消除害怕的情绪，即使狗狗是不会伤人的。能够帮助消除害怕情绪的是当大人听到了这样的话的时候，有耐心地引导孩子并慢慢安慰，慢慢地让孩子了解狗狗，展示给孩子看这是不需要害怕的，并且允许孩子以自己的速度去靠近。可能从一开始远远地看着，然后可以慢慢靠近狗狗，再接着可以摸摸小狗的后背（后背是没有牙齿的！）。这个孩子很幸运有关爱他的大人允许了他害怕的情绪然后帮助他克服这一情绪。仅仅被告诉不要害怕（或者甚至不告诉大人自己害怕的情绪）并不能帮助孩子克服恐惧。孩子只会学到了尽可能在大人面前压抑自己。尽管通常来说，下次接触到狗的时候这个孩子会有非常明显的害怕的非语言表现（例如，站到很远的地方，抓住大人的手），哪怕孩子可能并没有直接说"我害怕"。

● 问题思考

家长应该回应婴儿哭吗？

要回应的，至少在前六个月大的时候每一次孩子的哭都要得到回应。在孩子对大人还没有形成意识的时候是不会有"宠坏"的问题的，除非他能够看到或者听到你了。宝宝哭的时候，他是在释放自己的不安，不是因为他知道"妈妈会来的"。这个时候对妈妈的概念还没有形成。哭是婴儿一种表达"我需要帮助"的方式，而大人的任务就是去帮助他们！

　　哪些孩子能够在长大后更好地处理恐惧情绪？哪些孩子能学会关注自己的情绪？哪些孩子能意识到如果进行情绪的语言表达，其他人会提供有效的帮助？哪些孩子更可能会成长为一个能够处理各种情绪的成年人，例如一次不愉快的谈话、失望的经历、家庭关系中不可避免的矛盾或者坏脾气的同事？你是知道答案的：是那些练习真实的情绪表达和大人教导了如何有效处理情绪的孩子。至今为止的练习已经让这些孩子准备好在成为大人后进行情绪表达，理解怎样应对自己的情绪，并对他人的情绪感到适应。

● 要点提示

　　孩子的恐惧会经历几个可预见的阶段：第一个阶段是对人体依赖的分离，然后是对一些他们能够听到或看到的具体事物如打雷和小狗，接着随着他们想象力的发展，会对一些想象中的鬼怪感到害怕。在小学高年级阶段，孩子会更害怕他们从电视上看到的事物，例如战争、拐卖和一些不太会发生但是想到就令人害怕的事情。

情绪表达教育

教育一个孩子进行自由的情绪表达通常来说不是一件很难的事情。但是适当的情绪表达需要大量的指导和耐心。孩子乱发脾气是因为他们感到生气但是不知道其他的表达方式。家长对于发脾气的回应决定了你的孩子是否能够以及多好地学习到释放情绪的其他方式。家长的目标是教育孩子学会可以接受的情绪的语言和非语言表达。

给感受贴标签

孩子是怎么学习新的单词的？通常来说，是一个人指向一个物品然后说出它的名字（例如狗、汽车、球等），然后孩子会试着模仿这个词语。或者有时候孩子会通过观察和倾听，在大人没有直接教他们的情况下自己学习到一些词汇。（这里就有一个提醒——注意你在孩子面前说了些什么！）做法很简单：为你想要教孩子的事物贴标签然后反复说给他们听。同样，为你的情绪贴标签，特别是在跟孩子的沟通过程中。让孩子看到你表达自己的生气、害怕或难过的情绪并且解释这些情绪产生的原因，这对孩子来说是很健康的。

大多数家长会很快地知道宝宝什么哭声是饿了、累了还是生气了。家长会根据不同的哭声做出不同反应。尽早为宝宝表达的情绪贴标签。10 个月大的宝宝被一个人放在婴儿床太久之后会生气，他不能说出"生气"这个词，但是可以开始将这种感受与生气这个词联系起来。

我们的情绪更多的是通过非语言表达（基本上超过90%的情绪），而不是语言（描述情绪的词汇，例如生气和伤心），这导致了人与人之间对非语言表达可能有很多误解。所以生活中有那么多误解的情况也就不奇怪了！

孩子大一点儿之后，联系情绪和表达情绪的词汇就更简单了。孩子们每天会经历一系列的感受，作为家长的职责是帮助他们恰当地表达情绪。对于2岁因为想多玩一会儿拒绝睡午觉的孩子，可以说"你现在不能继续玩所以感到不开心"。对怕黑的5岁孩子，你可以说"我很高兴你告诉了我你怕黑，有什么方法可以帮助你不那么害怕吗？"对8岁刚失去心爱的宠物猫的孩子，你可以说"胖胖去世了你很难过。他是你很好的朋友，你会想念他的"。或者，对一个刚刚把牛奶洒到衣服上被学校同学笑话的10岁孩子，你可以说"朋友们那样的嘲笑一定让你很受伤"。

学习的过程是简单、平静和中立的——就像给电视节目命名一样，给情绪贴标签不是什么大事。通过这样做，家长既是在帮助孩子理解他正在经历的感受，也是在展示如何谈论自己的感受。最后一步是帮助孩子学习如何应对情绪。

● 问题思考

如果给某种情绪贴上了错误的标签，会有什么后果吗？例如，如果家长认为孩子是生气了，但是孩子真实的感受是伤心呢？

通常情况下，如果家长的判断出了错，孩子会加以纠正。家长认为孩子因为没有收到朋友的生日派对邀请而产生的生气情绪可能真的只是伤心。孩子会告诉你他的感受，或者家长可以从孩子的非语言表现中发现孩子的真实情绪。

允许孩子有自己的感受

你很可能听到过这样的对话。你跟另一人坐在一间房间里，你说"这里好冷"，然后对方说"这里不冷呀，我还有点热"。对于同样一件事人们可以有非常不同的看法。对于感受也是一样。你从来不会害怕的事物可能会令孩子感到恐惧。让你很生气的事情可能对于孩子来说不算什么。每个人的情绪产生和引发情绪的原因都是独特的。家长要做到允许孩子有自己的情绪。

假设你的孩子看起来对受挫的情绪比较难接受，这让你有点担心，你会尝试与孩子谈论他的受挫情绪还是帮助他应对情绪？又或者，你的孩子对某件事表现出生气的情绪（可能是即将出生的弟弟妹妹），而这种反应吓到你了，所以你尝试消除这种生气的情绪，你说"我知道你会很爱你的小妹妹，对她好点"。但是有可能你的孩子还没有喜欢上小妹妹，而事实上对即将失去跟你独处的时间和会改变的家庭习惯感到愤怒。尝试跟孩子讲道理的方式很可能加强了孩子的愤怒，并且减少了他认为你是会接受他情绪的信任。另外记住，接受孩子的情绪不代表给了孩子不良表现的自由。不要认为认可他们的情绪会让他们变得反叛。如果家长同时教导孩子如何恰当地管理情绪，这就不会发生。

这里有一个真实的案例应该对你有所帮助。一天傍晚，3岁的山姆和他的父母以及2个月大的小弟弟受邀请到朋友家做客。晚饭前，山姆的爸爸在陪山姆和邻居的孩子玩躲猫猫。吃晚饭的时候，爸爸跟山姆聊天、帮他夹菜，很大程度上的关注在山姆身上。

● 要点提示

有时候倾听他人的感受，会很难判断你的孩子的感受是受伤了，害怕了还是其他感受，因为你自己可能会产生一些强烈的情绪。所以，准备好振作自己，这样你可以成为孩子很好的聆听者。并且在这之后找个人聊一聊你的感受，可以是你最好的朋友或者其他人。

就在晚餐结束山姆一家要离开之前，小宝宝查理醒了。山姆爸爸立刻开始照顾查理给他换尿布。在妈妈为大家取大衣的时候，山姆走向爸爸问他：“爸爸，我们可以在回家路上把查理送到医院去吗？我们是从医院把他接回家的，对吗？”爸爸回过头跟山姆说：“山姆，你现在还很不喜欢你的小弟弟，对吗？”山姆听着没有回答。爸爸继续说：“好吧，我理解你的感受，因为弟弟出生之前，你跟我有很多时间一块儿玩游戏和读书。现在，我会分一些时间跟查理玩照顾查理。”山姆点点头，他眼睛里都是眼泪。爸爸继续说：“山姆，我爱你，我也爱查理，所以我们不会丢下你们任何一个。”说完爸爸走向山姆给了他一个大大的拥抱。山姆笑了。一开始生气和嫉妒的情绪并没有让山姆受到批评。事实上，他爸爸的回答是直接地允许了山姆表达自己生气的感受。接着这个情绪因为爸爸的引导消除了，并且他开心地拥抱了爸爸。承认孩子的情绪是帮助孩子管理情绪的最佳方式。尝试忽略或者消除孩子的情绪，希望这样能解决情绪的做法基本上是没有任何效果的。

第一视角"我"的艺术

教孩子使用第一视角"我"表达是一个简单的情绪表达的方式。"我"的表达有一个简单的公式。我感到（加入情绪）因为（描述其他人做了什么让你感到不安）。这样，一个5岁的孩子可以对朋友这样说，"我感到很生气因为你拿走了我的玩具"。

或者3岁孩子在妈妈去外地出差的时候会说："我感到很难过。我想我的妈妈了。"不想下海游泳的9岁孩子会说："我害怕海里的螃蟹会咬我。"正如你看到的，这些表达清晰且恰当。另外，"我"的表达让孩子避免在戏剧化和情绪崩溃的情况下表达情绪。

家庭成员越多地使用"我"的第一视角表达，孩子会越快地学会这种表达。

行为管理：给孩子情绪一个出口

好的，现在你已经为孩子的情绪贴上标签，孩子可以有效地进行情绪的语言表达例如"我很生气"。但是情绪表达了并且得到家长认可之后，他该如何应对他生气的情绪呢？有时候好心的父母因为不知道如何帮助孩子进行情绪管理会压制孩子的感受。帮助孩子的方法有很多，所有方法都是从给情绪贴标签然后接受孩子的情绪开始的。家长还需要提供给孩子一些恰当的非语言表达的方式选择。

应对愤怒

恰当的情绪管理方式依据孩子年龄可能不同，例如可以是让孩子将生气的原因画出来（相当于成年人写了封邮件反驳但不会发出去），可以是让孩子到一处对他来说特别的地方静下来读书（给这个地方起个名字，平时不要用到），可以是到室外踢足球，或者是听听音乐。如果有需要的话，等到孩子足够冷静可以解决问题之后，家长就可以谈谈应该做些什么了。

● 问题思考

家长面对孩子发脾气应该怎么做？

如果在公共场所，平静地将孩子带回车上或者带回家。虽然这样做会不方便，但是将孩子带走会让他知道自己的行为是不合适的。另外，家长也不会因为要让孩子安静下来而屈服感到有压力。如果在家里，家长可以忽略孩子发脾气。孩子发完脾气之后，问问他为什么那么生气。换句话说，在孩子发完脾气之前不要给孩子任何关注。

关于愤怒还有一点：孩子对包括老师、教练和家长感到生气是正常的。告诉孩子不能对有权威的大人生气会传达一种错误的信息。为什么不能对大人发脾气？大人就从来不会犯错吗？大多数家长想要表达的其实是，即便在生气的情况下，孩子也需要尊重大人，表现得体。这对于所有人来说都一样，不论年龄、性别、国籍和其他任何区别。

表达悲伤

伤心是孩子经常会感受到的情绪。例如爷爷奶奶拜访一段时间之后要回家了，妈妈或者爸爸要离家出差了，最喜欢的宠物即将过世了，玩具或者某个提供安慰的物品找不到了，或者有时候电视上播出的画面也能引起伤心的情绪。大人们会想要通过做一些让孩子开心起来的事情让伤心的情绪"变得好一点"，也许是带孩子去买冰淇淋，晚上不睡觉看一部电影，或者是买一件新玩具。

伤心有什么不好的？为什么我们会想要消除悲伤？答案很简单：看到孩子伤心难过可能会让关心孩子的父母难受。用其他事情的吸引或者额外的奖励来减少孩子的悲伤会让大人和孩子都更加好受。但是，这会剥夺了孩子学习如何应对悲伤的机会。相比带孩子去买冰淇淋，家长可以给孩子讲一个关于一个孩子感到难过以及如何应对的故事。或者，问问孩子有什么事情能够让他们从悲伤中感到好受一点儿，承认悲伤的情绪而不是消除它。例如，小朋友可以为爷爷奶奶或者在外旅游的家长抄写一封信。或者，可以看看家里宠物的照片。又或者，孩子可以写下对过世的宠物最喜爱的地方。如果孩子可以接受，更好的做法是安葬好宠物再让家庭成员说说他们与宠物发生的最可爱的事情。

没有一种方式是适合所有孩子的，关键是让孩子体验悲伤然后敞开心扉去表达悲伤。这样做会帮助消散悲伤。借鉴下 2 岁孩子安娜的例子。安娜的爸爸经常去外地出差。安娜非常想念爸爸。上床睡觉对于安娜的妈妈来说是困难的，因为晚上安娜的悲伤情绪会爆发。睡前时间变成了一场噩梦，安娜一直说"我想爸爸"，陷入悲伤啜泣。

一开始，她的妈妈尝试跟安娜解释爸爸是为了工作离开，并且很快就会回家，还尝试了各种有逻辑的方式，但是并没有承认安娜的悲伤。但是当妈妈说，"你真是很想爸爸，对吗？"，事情开始好了起来。起码，某种程度上好点了。虽然开始的几分钟安娜哭叫得更大声了，安娜的妈妈没有干涉让安娜的情绪发泄出来，很快安娜平静了下来，紧紧抱住妈妈，2岁的安娜克服了她的悲伤情绪。"爸爸明天就回来。""是的，亲爱的，爸爸明天就回家。"听到上面的话，安娜冷静了下来，5分钟后睡着了。这个例子中最值得注意的是，几个月来妈妈一直尝试安慰安娜，告诉她爸爸很快会回家，但是每天晚上安娜还是会哭会闹。只有在妈妈接受了孩子的悲伤情绪之后，事情才有了好转。

面对恐惧

家长应该如何处理孩子受到惊吓的情况？意外的是，做法很简单，至少对于你不希望孩子会害怕的事情，给予孩子的恐惧温柔的对待和尊重，一个拥抱确实可以安慰孩子帮助他面对恐惧。面对害怕的事物，孩子会经历不同的发展阶段。2岁的孩子更可能会因为与父母分离感到害怕，5岁的孩子会害怕"怪物"会"怕黑"，而9岁的孩子更会害怕真实的威胁，例如家长的过世、被绑架等。

● **知识普及**

焦虑是担心和紧张的一种笼统的感觉，可以没有一个显而易见的原因或者特定的目标。与焦虑相反，恐惧是特定针对某个人、某个动物或某件事情，甚至是想象中的事情（例如，狗、鬼等等）。如果感到恐惧，孩子是能够回答某个特定事物出了什么问题。

帮助孩子克服恐惧的具体方式取决于孩子的年龄和恐惧的来源。与父母分离的害怕是真实且明显的。尽管你的孩子对于一些分离表现出比较适应，例如去日托中心，但是有些分离，例如在爸妈出游的时候跟爷爷奶奶待在一起，可能处理起来更加困难。提前做好准备是最好的解药。一套家庭照片集，可以每天给孩子读的手写留言、视频通话或者任何可以消除分离焦虑的准备。

　　对于大一点儿的孩子，帮助他们克服（不合理的）恐惧。孩子会对一些事物感到恐惧是一件好事（例如害怕搭上陌生人的车），所以家长可以很好地利用自己的判断。例如 7 岁的卡丽，她一直都很喜欢在海边玩耍。每年夏天，卡丽一家会在海边有一次盛大的家庭聚会。突然，有一次卡丽因为在海边被螃蟹咬了一口就开始害怕去海边了。

　　卡丽的父母讨论之后，他们决定想办法不让卡丽对大海产生恐惧。整个家庭都很喜欢海滩，尽管被螃蟹咬了可能很疼，孩子在外面玩总会遇到各种各样的事情，例如被蜜蜂蜇了，但是大多数家长还是会让孩子在外面玩。所以卡丽的父母有了一个想法。首先，他们让卡丽在海边看着自己下海。然后，他们手拉着手站在水很浅很容易发现螃蟹的地方。他们往前又走了几步。然后，卡丽的爸爸抱着卡丽往更深处走一点。爸爸一点点慢慢地将卡丽放到水中，一开始让她的脚接触到海水，然后慢慢让她的身体接触到海水，同时爸爸还是紧紧地抱住卡丽。在这之后他们休息了一下去岸边用沙子堆城堡。玩了一会儿感到非常热之后，他们又重复了让卡丽接触海水的动作，每次都让卡丽多接触一点。两天后，卡丽就又开心地在海里玩了。

最后提醒：情绪是健康的

情绪是真实的，也是应该被尊重的。如果家长能够接受孩子的情绪并且教导孩子如何面对，孩子会更加健康和开心，并且拥有更好的人际关系。害怕承认自己的或者他人的情绪只会放大情绪的消极结果。另外记住，一个人表达情绪并不意味着这个人是情绪化的；事实上，一个人越多地进行情绪的语言表达，他内心焦躁的情绪就越少，也越少会发生情绪像火山喷发一样发泄出来的情况。

第 7 章

独立性

　　允许并鼓励孩子的独立性发展可能是情商育儿中最大的挑战之一。毕竟，家长不希望过度地保护孩子，这样会阻碍孩子的发展并且在孩子长大后会造成更大的问题。但同时，家长也不要过早地就期待孩子有过多的独立性，这并不会引导孩子走向成功，家长自己也会感到失望。正确的平衡在哪？出乎意料的是，对有些事情，家长可以跟随孩子的引导因为孩子会自然地表达出对更加独立的渴望。在安全范围内，对于他们是否准备好了孩子通常会给出正确的信号；涉及安全问题的时候，寻找夸奖孩子独立性的方式同时确保孩子的安全。

什么是独立性？

　　心理学家爱利克·埃里克森对于孩子想要获得自主权有这样的看法——这是一种有目的和自主的活动——在孩子刚学步阶段就已经开始。独立性在 2 岁孩子身上就有很明显的体现，不管是孩子挂在嘴边的"不要"还是更进一步地表达"我要自己做"。又或者，独立性会出现在孩子想要自己挑选衣服，还很自豪地穿着搭配不协调的颜色和款式的时候，尽管任何人看着都会觉得头痛。又或者，你会发现孩子对午休时间和穿不穿外套变得越来越有主见。家长要怎么做？在这个章节，你会学习到什么叫"可怕的 2 岁"。因为独立性的学习是让人很头疼的！

　　在孩子的童年成长过程中培养独立性也有一些对家长来说不那么难处理的情况。任何时候孩子做出一个重要的决定（例如想要上戏剧课），或者积极面对有挑战的事情（例如离开家过夜的第一天），并且在做这些事情的时候不需要过度的情感支持，那么孩子就是在展示独立性。

● 知识普及

　　心理学家爱利克·埃里克森在 1950 年写下了人生不同年龄和不同阶段需要完成的重要事情。对于学步年龄段的孩子来说，主要任务是获得自主权，换句话说就是独立性。根据埃里克森的理论，如果孩子不被允许获得自主权，孩子会产生质疑，换句话说孩子会缺乏自信。

为什么要学习独立性？

认识到发展自主权和独立性是孩子发展很自然和必要的一部分。这意味着你要屈服于一个2岁孩子的所有要求吗？不是的，但家长也不应该对孩子的要求自动说"不"，说"我告诉你了就这么做"，或者完全剥夺孩子的选择。所以，虽然拖延独立性的发展可能是一种更轻松的选择，却是以孩子的健康发展为代价的。具体地说，这会减少孩子相信自己可以做决定或者不过度依赖其他人的情感支持和安慰就行动的能力。家长不能将允许孩子在各年龄发展阶段锻炼合适的独立性和以后在人生中独立的能力联系起来。但是，不加以锻炼，孩子是学不会独立的能力的。

● 问题思考

如果我的孩子并不想独立而是事事想要依赖我怎么办？

从简单的事情开始鼓励孩子培养独立性，例如自己挑选衣服、挑选自己的食物或者完成某件简单的家务事。另外，首先确保坚持让孩子独立完成，然后再描述孩子的行为以及任务完成得有多好。成功独立完成任务的体验会引发孩子更多对独立性的渴望。

如果家长支持了孩子的独立性——例如让2岁的女儿自己挑选衣服，自豪地穿着格子衬衣和条纹裤子，即使你有一些忧虑也让4岁的孩子跟朋友一起过夜，或者允许7岁的孩子在没有家长监管的情况下在室外玩——这样会让孩子在以后的生活中更好地应对同龄的压力、处理学校选择和去外地上学的情况。孩子如果早年童年时期没有得到锻炼独立性能力的机会，日后是不会奇迹般地一下子变得独立的。

在不同年龄段支持独立性

提到让孩子自己做决定而不是家长掌控一切或者即便会生气或引起麻烦也让孩子独立的想法，家长就面临了一些支持孩子独立性的挑战，包括克服家长自身的顾虑和对于独立性会造成的潜在的"风险"。鉴于独立性在不同年龄段的需求程度和类型不一样，家长需要将独立性的培养看作是一系列有步骤的发展阶段。

接下来的部分会探讨如何在孩子不同年龄段培养适合孩子发展阶段的独立性。适合孩子的发展阶段不意味着家长一定会对现状感到满意——试想下你处于青春期的女儿跟同样处于青春期不成熟的男生开车出去——但是独立性对孩子健康成长的各方面来说都是很重要的。有时候家长会拒绝孩子的独立性，因为允许独立性会产生焦虑或者有时孩子的独立看上去是不好的行为。

2 岁孩子的独立性：可怕的 2 岁孩子

是的，就像这个标题所说的，比起"糟心的 2 岁孩子"，这个年龄的孩子更应该被称为"可怕的 2 岁孩子"。孩子想要变得更加自主和自立，有什么可糟心的呢？毕竟他也不是要独自在院子里玩耍或者自己决定睡觉的时间。相反，2 岁孩子想要更加独立，在这个年龄段的合适表现是自己选择衣服、食物或者读的书。在一定范围内，让 2 岁孩子尽可能多地做决定是可以的，只要结果不会伤害到他们的身心健康。来看看 2 岁孩子尝试表现出自主和独立性的一般表现。

衣服选择

你已经计划好了家庭照片怎么拍，但是你 2 岁的孩子对你选择的衣服感到十分不满意，大发脾气。或者，刚进入秋天的时候你帮孩子准备了长裤但是他想要穿短裤。又或者，家里人一起出去吃饭，你想要 2 岁的孩子换上一件更好看的上衣，他现在身上的那件并不脏，也是他最喜欢的一件，所以他拒绝换衣服。当孩子开始形成自我的意识时——包括"我"喜欢或不喜欢什么，这些情况都是可能发生的。选择穿什么衣服是一个决定，并且 2 岁的孩子应该会想要自己做决定！换句话说，以发展的角度看，孩子拒绝换上你为家庭合影选择的衣服是一个好的现象。

另外，想要避免这种孩子和家长争夺决定权的情况发生也很简单。给家庭合照准备 2 到 3 件不同的但都合适的衣服，让孩子从中选择。通过这样简单的做法，家长创造了一种双赢的局面。孩子还是获得了选择权而家长也确保了选择的衣服是"合适的"。你选择的衣服其中某件也许是太粗糙穿起来不舒服，也许是孩子穿起来太紧了不合适（有些孩子就是因为这个原因讨厌高领套头衫！），或者也许是颜色跟孩子不搭。换位思考，你会仅仅因为别人喜欢某件衣服，即使让你不舒服或者不好看，你希望别人让你穿上吗？

● 要点提示

家长通常会对第一个孩子给予比第二个和后面出生的孩子更多的关注和谨慎。所以，如果你认为你对于"独立性决定"可能过于谨慎了，跟有几个孩子的兄弟姐妹或者好朋友聊一聊，吸取一些经验。

有些家长读到这里可能感到有点想退缩了。毕竟我们才是大人。难道我们不应该施展我们的权威，让孩子穿上对家庭合照来说最可爱最适合的衣服吗？但是，这不是关于谁年长（当然是家长）还是谁说了算（也是家长）或者谁应该负责（还是家长）的问题，而是你是否作为家长有足够的自信理解孩子的发展。如果你是，你就可以允许孩子自己做一些简单的决定，而不认为自己的权威性受到了威胁。看看下面的例子。

3岁的利娅要出去玩。尽管已经1月份了，外面的天气还在12度左右。当利娅要出门的时候，她的妈妈递给她一件冬装外套。利娅接过外套丢在地上，说"不，妈妈，不要"。利娅的妈妈没有立刻给出反应，也没有对女儿不恰当的表达方式产生过度反应，而是冷静地问她为什么不想穿外套。利娅说："太热了。"知道她的孩子确实很容易怕热，妈妈指向大衣衣架，让利娅选一件外套。她选了一件薄一点的外套。在这个时候利娅的妈妈再要她将地上的外套捡起来挂好。妈妈轻声细语地说道："我知道你很怕热。你可以自己选你要穿的外套，但是把外套直接丢在地上是不对的，你可以说你想换一件。"然后他们开展了一段妈妈帮助利娅练习提出自己想要换衣服的谈话。

如果穿衣失态了怎么办？在利娅2岁的时候，她在外婆来家里做客的时候选择了搭配十分糟糕的衣服。在利娅和妈妈还有外婆一起出去办事的时候，利娅外婆问自己女儿，也就是利娅妈妈，"你就让她这样穿着出去吗？路人看了会怎么想？"利娅的妈妈自信让孩子做穿衣这样的小"决定"是对的，回答道："那么，我希望他们的妈妈是懂得儿童发展的！"但是如果其他人不这么想怎么办？如果他们因为你孩子的穿衣会对你指指点点怎么办？你是宁愿迎合别人还是支持孩子的健康发展？这应该是一个简单的选择。并且，有些"路人"会认可糟糕的穿衣搭配，因为他们会意识到是孩子自己选择的。

食物大战

婴儿一出生就有口味的喜好和对饱足感的感觉。婴儿面对口感不如母乳的配方牛奶扭头拒绝。他们吃饱了也会停止吮吸，尽管你觉得他们要吃4盎司而实际上只吃了3盎司。所以，2岁孩子表现出同样的喜好的时候你为什么会突然感到惊讶呢？有可能是因为他们对食物喜好的热情让人误以为这是关于掌控的问题。

在2岁的孩子大声抗议或者表现出来他们的沮丧时，家长通常会跟孩子对抗然后让孩子分清界线，而不是，退一步，将问题分离看待。家长可以教导孩子提出请求的适当方式，就像利娅妈妈对大衣的做法。不要跟孩子陷入一场对抗，尽管因为孩子表达自己喜好的方式不当。

因此，如果 2 岁的孩子果断地说"我不要"然后将盘子里的豆子倒在地上，让孩子帮忙清理。然后引导孩子学会更好地表达自己对豆子喜好的方式。简单地说"不"或者"我不喜欢豆子"，或者拒绝吃豆子——但不会将豆子倒在地上——都是 2 岁孩子合适的表达方式。然后，很重要的是，不要强迫孩子吃下他不喜欢的豆子！

同样的，有些家长对这个做法可能又会有质疑。你可能会想，"孩子表现不好的时候我怎么能打退堂鼓呢？"记住，你不是对把豆子倒在地上这个不合适的表现后退，而是要让孩子清理干净并且教孩子一种更加合适的拒绝豆子的方式。孩子需要认识到恰当的做法是说"不要吃豆子，爸爸"（或者任何你教导孩子的说法和做法）。再次强调，孩子是在表达一种合理的喜好，而且还有很多其他健康的食物可以给他吃。

但是如果不尝试新的食物，他们的食谱如何能扩展呢？首先，随着孩子的年龄增长和接触的食物越来越多，他们的食谱自然会扩展。其次，只要你的孩子是健康的，营养充足的，对孩子的整体发展而言，食物的多样性是没有健康的独立性重要的。

● 要点提示

在孩子倾向于表达出独立性的事情有食物、衣服和其他方面时，家长双方之间达成共识是非常重要的。假如家长有一方允许孩子表达食物喜好，而另一方不允许甚至会十分生气，那么关于恰当的独立性的问题，家长给孩子传达的信息就是混乱的。

在你介绍给孩子新食物的时候可以这样做：永远提供给孩子至少两个你知道他会喜欢也是健康的选择（火鸡汉堡和苹果、花生酱三明治和香蕉、鸡肉和青豆），然后自然地引入第三种食物。孩子是有好奇心的。如果食物看起来很吸引人，闻起来很好吃（对孩子来说！），大多数时候他们都会尝试一下。如果他们真的喜欢这个味道，他们会吃的。如果不吃也没关系，第二天再换其他东西试试。

在有些家庭里，吃东西是一场持久战。是的，你可以除去甜点的选项，如果孩子之前没有好好吃饭就在正餐之间不给孩子吃其他东西，以及用其他一系列方法引诱他们吃下不喜欢的食物。但是，你并不需要诱导，不需要主导这场对抗，让孩子做简单的决定。假如你的另一半晚餐准备了豆子，而你碰巧不喜欢吃，你也是不会吃的。或者，很可能，你的另一半知道你不喜欢豆子也不会逼你吃的。家长跟孩子关于食物的战争通常跟营养没有什么关系，而是关于孩子出现的口味喜好的意识和对独立性的渴望。允许孩子做一些决定可以消除战争并加强独立性，这是一种双赢的解决办法。

经典的"不要"和"我会自己做"

如果你养过 2 岁的孩子，有时候你会觉得他知道的唯一词语就是"不要"。孩子是在学习自主权，并且运用他的权利告诉家长他有不同于你的想法。有自己的想法其实是一种健康发展的表现。但是怎么才能知道什么时候可以让孩子有自己的选择而什么时候需要强加给孩子？有一个简单的原则：如果事情涉及安全和健康，那就没有讨论的余地。对抗拒坐安全座椅的 2 岁孩子，坚定而友好地回应说"这不是一个选择"是得体的育儿。你可以表示出你的同理心，"我知道你不喜欢坐安全座椅"，或者甚至解释说"这个座椅可以保障你的安全"。可能孩子会开始哭起来。

坚定立场。涉及安全的问题是没有商量余地的。

决定一件事是否涉及安全问题比听起来要难得多。2岁体能上很有天分的孩子可以自己爬上秋千坐着吗？或者，在离地三尺多的栏杆上坐着？还有在马路上以你认为过快但是孩子很开心的速度骑三轮车，他自己有所控制不会摔倒呢？安全是每个阶段的孩子都存在的问题。尝试找到双赢的解决办法，能够鼓励孩子的独立性并且保证安全的办法。给喜欢攀爬的孩子准备比秋千更为稳妥的选择，"盯着"孩子，需要的时候准备一副头盔。

双赢的办法在很多方面适用于孩子想要获得更多独立性的想法。不管是吃东西，穿衣服还是不需要大人帮助自己走路，孩子通常会想"我自己来"。然而，这可能是对耐心的十分痛苦的测试，包括让2岁孩子以自己的速度走路或者他们需要额外5分钟自己穿鞋和系鞋带。替孩子完成他想要自己做的事情有什么坏处？

答案你是知道的，给自己一些鼓励。例如"以后孩子想独立完成作业不需要我的帮助的时候，或者能自己洗衣服，或者可以有效地管理零花钱的时候，我会很开心的。以后孩子会相信自己对决定的判断而不是认为自己的想法是不重要的，我会很开心的。在孩子进入青春期后，我能放心允许他跟朋友晚上出去玩不用担心因为同龄人的压力孩子会被卷入一些危险的情况时，我会极其高兴在他小时候培养了他的独立性。我会很高兴我鼓励孩子锻炼独立性以及对自己做决定和行动的能力有足够的自信，不需要依赖别人的认可。"在你孩子2岁的时候可以经常给自己这样打气。"可怕的2岁孩子"也许会挑战你的耐心，但结果会是值得的。

当 2 岁孩子渴望独立性时

家长还需要留心到可以加强适当的情绪独立性的机会。有些两三岁的孩子觉得跟爷爷奶奶过周末是很舒服的，有些却不是。这类情绪的独立对儿童发展是很重要的，所以家长需要打起精神创造机会。孩子应该能够相信有多个不同的人可以照顾他，而不是只相信家长。家长的责任是帮助孩子对新环境感到放心，告诉孩子接下来会发生什么，让孩子带上能够安抚他的物品，并且让孩子慢慢地适应新环境。然而，你不会想做的是过度保护孩子远离本来很安全的环境。

试想一个孩子在家里待了人生头两年之后要去日托中心。如果你选择一家高质量拥有较好师生比的中心（1：4 是较为推荐的，一位老师不多于 6 个孩子），从其他家长那听听反馈也看望孩子几次，然后有一天你必须要离开，不让孩子过于依赖你抱着你的腿不肯放。

● **问题思考**

应该允许两三岁的孩子拥有一件安抚用的物品吗？

当然应该！例如最喜欢的毯子或者玩具都可以作为安抚物品。孩子用它们获得情绪支持，在感到焦虑或生气的时候让自己冷静下来。不要担心——孩子不会想要带着自己的泰迪熊上小学的。当情绪能力建立起来，孩子会学会不需要安抚物品进行自我安抚。

帮助孩子面对与家长的分离，设定你们之间的"道别仪式"。这些可以包括特殊形式的挥手、按喇叭、快速阅读或者任何其他孩子可以获得帮助消除焦虑的方式，从家长的照顾下转移到其他人的照顾下。

因此，作为 2 岁孩子的家长，你的角色包括在孩子可能还不想独立的时候推动独立性的发展，并且愿意让孩子做选择，允许孩子的独立性。从孩子的角度想想，去一个全新的日托中心跟不熟悉的大人和同龄人度过一整天比自己挑选衣服需要多得多的情绪力量和独立；然而有些家长只是担心孩子去新的日托中心会哭，但从来不会想到给孩子机会对食物和衣服合理地自主选择。看起来很矛盾，对吗？成功的独立性训练能让孩子获得更加独立的能力。

独立性和上学

上学会开启一系列关于独立性全新的挑战，从坐校车到管理自己的午餐盒，到记得给家长传达重要的信息或者文件。已经成功练习与家长分开，自己做决定，和为照顾自己负责的孩子会更容易地过渡到学校生活。

● 要点提示

独立性只是成功学习过渡的一个方面。但是每个孩子，不论学术能力、发展水平还是脾气性格，都能够锻炼出独立性并且具备处理这个过渡期的能力！

给孩子一些他能够完成的独立性任务——即便是有挑战性的任务——并且鼓励孩子去完成任务。每次成功后，你的孩子会更自信地追求下一个挑战，也会更加独立。家长可能需要提供引导或者指出某些决定的后果（例如，如果你第一天就花光了所有的零花钱，那么后面就没有钱可以用了）。通常情况下，家长的引导和经验组合起来形成了对学习独立性的孩子强有力的支撑。下面列出一些大多数5岁到7岁的孩子能够独立处理的事情。

· 家务事，例如给宠物狗喂食，把脏衣服放进洗衣篮和收拾玩具。

· 自己照顾自己，例如自己吃饭、洗澡、穿衣服以及把干净衣服放进衣橱或衣柜（假设他们能够碰到衣架的高度！）。

· 分离，例如离开家跟某个熟人待一晚，去参加一场生日会或者体育练习不需要家长的陪同，或者在爸爸妈妈外出旅游的一周里跟爷爷奶奶待在一起。

· 决定，例如要参加什么体育运动、什么活动、如何支配自己的零花钱（有时候犯错是最好的老师！）或者要邀请哪些人来自己的生日会。

● **特别说明**

每个孩子的性格不同，所以很显然家长需要根据孩子的性格调整自己对独立性的期待值。例如，一个内向害羞的孩子相比一个外向的孩子，对于第一天上幼儿园会感到更加不安。家长需要找到促进独立性而同时配合孩子脾气性格的方式。

童年后期的独立性

孩子长大后，独立性行为和决定的类型也需要随之改变。例如，10岁的孩子可以很好地完成洗衣服的任务，可以在星期五晚上点比萨晚餐，可以做决定是否参加一项全日制要求大量额外训练的运动。同样的10岁孩子通常还可以独立完成家庭作业不需要家长的监督，或者参加一周的暑期夏令营，或者跟朋友去海边度假不需要每天跟家里通话报平安。

独立性发生在三个主要发展方面：身体方面、财务方面和社会情感方面。确保你在每个方面都提供给了孩子做决定和锻炼独立性的机会，这样孩子在各阶段的独立性才会均衡发展。

第 8 章

决断性

　　决断性与独立性很容易被混为一谈，但这两者是完全不同的能力。独立性指的是孩子可以舒适地独处，做出适合自己年龄的决定以及不需要过度支持采取行动的能力，而决断性包括支持自己、维护自己的权利并能够表明自己的观点。独立性经常通过行为展现，而决断性经常通过语言展现。有时两者也会一起出现，例如利娅声明（决断性）自己想要换一件外套（自己挑选衣服的独立性）。

什么是决断性？

有些家长因为对决断性的错误理解而阻碍了孩子决断性的发展。决断性包括：

·揭示个人想法、喜好和需求的声明陈述（我相信、我想要、我认为、我不想要、我不喜欢等等）

·情感上、社交上、财务上和生理上自我维护或者设定界限

·尊重他人

·阐明对自己的支持或者分享观点信念

像上面列举的，决断性行为不包含任何身体上的强迫，情感上的压力或者胁迫，也不包括任何轻视和伤害他人的行为，也不是用来操控他人的。尽管有时候会出现这些行为，它们是体现了决断性，但不是决断性。

● 知识普及

男性平均比女性的决断力要高。确保为男孩女孩设定合适的决定性期待。

关于被动

被动性是决断性的反面。所以，如果参照上面决断性行为的例子，相反的行为就能得到被动性行为。

·不表达个人想法和需求

·与他人不设定界限；允许别人利用自己，把自己的付出看作是理所应当的，对自己索取更多，或者其他类似的行为

·缺乏自我尊重（例如，因为我并不重要，所以别人不会在意我的想法和需要）

·缺乏目标或者倾向于服从或者跟随他人的引导，不思考行为是否健康得体；换句话说，有时候跟随他人的指引是可以的，但如果是为了服从他人、压力或者没有其他选择而跟随是不合适的。

为什么孩子应该学习决断性？

关于决断性的问题有上百种解释可以回答，但是更简单的方式是试想你的孩子长大后可能会面临的情况。你希望你的女儿长大后可以对想要利用她的人说"不"吗？你希望你的儿子可以在同学们谈论怎么欺负一个低年级学生的时候能够站出来反对吗？你想要你的孩子能够轻松自如地加入课堂讨论并且自在地阐述自己的观点吗？你希望孩子可以抵抗霸凌并且为遭受霸凌的其他孩子发声吗？想过这些问题之后，你也许了解到决断性对儿童健康发展和安全的重要性。我们不能指望一个一直被训练要被动的孩子突然掌握决断性，就像老话说的——熟能生巧。

育儿模式和决断性

　　关于不同的育儿模式和这些模式对孩子的影响在儿童发展学领域有大量的研究。"权威型"育儿是普遍熟知的，因为这种类型强调家长的权威地位以及孩子需要被动跟随家长的期待和要求。属于权威性模式的家长跟孩子谈论问题的可能性更小，取而代之的是使用力量解决问题，例如威胁、打屁股、吼叫或严厉的惩罚。

　　选择这种模式的家长看不到给孩子理由的需求，基本上期待孩子按照"我说的"做。不幸的是，这种育儿模式会造成孩子的胆怯（被动），因为说出自己的想法可能会受到惩罚的。这样不仅没有锻炼到决断性能力，展示给孩子的还是利用权力不对等或者威胁去获得你想要的东西。

　　与权威型父母形成明显对立的一种育儿模式是威信型父母。这种模式下的家长会给孩子设定清晰的界限，并且会给孩子解释自己的行为和规则，让孩子明白为什么他们被这样要求。这种模式依赖的是讲道理，解释逻辑和自然后果，或者如果孩子不按照家长说的做会有什么短暂的麻烦。这样对孩子更加温柔，也少一些威胁，并且孩子被鼓励可以提问，有自己评论或者与家长讨论的权利。与大多数人想的不一样的是，威信型育儿有着高要求并且孩子通常会有高表现，因为他们明白要这样做的原因和价值，也因为他们是想要遵从家长的要求，不是出于对惩罚的恐惧，而是出于对大人的尊重和对要求的理解。

其他常见的育儿模式还有"宽容型"育儿，指的是有较高的包容和温暖但是很少对孩子有期待，以及"甩手掌柜"类型，其中包容、温暖和期待都很少。在这些育儿模式下长大的孩子有更大的风险变得好争斗不受控制，因为从小父母就很少给他们设定什么是合适的行为的界限和期待。

哪种育儿类型能够建立决断性？

以上哪种育儿模式更有可能会培养出有决断性的孩子呢？威信型父母。为什么？因为孩子观察到家长一直在给孩子解释做某件事的原因（例如，回家先做完家庭作业才能看电视，这样你可以确保完成作业并且先做作业你也不会感到那么累），也观察到家长用一种平静的方式维护自己的权力（例如，你不能在屋里玩捉迷藏），并且也观察到家长是在运用逻辑道理而不是脾气去强迫他人配合自己（例如，我现在需要你收拾好地上的玩具这样我可以用吸尘器打扫了）。不过，即使是最有效的威信型父母也会碰到孩子表现不得体的时候。所以，有效的纪律管理对有效育儿是很重要的。纪律的目的应该是教育。事实上，纪律一词从拉丁文而来，其本义就是学习的意思。

还记得第 7 章提到的利娅把厚外套丢在地上的例子吗？表达自己想要穿哪件外套是可以的，但是把妈妈挑选的第一件外套丢在地上却是不对的。利娅的妈妈，一位威信型家长，让利娅把丢在地上的外套捡起来（纠正了错误），但同时也尊重了利娅觉得哪件大衣更舒适的想法，从而加强了孩子的决断性。

当孩子展现出决断性但同时会做出一些不得体的行为时，家长很容易去管教不得体的行为或者管教孩子的决断性。确保将孩子想要表达的想法和不得体的行为，例如吵闹，分开对待。可以描述孩子做了什么——表达自己的观点——是得体的表达方式。

但是，如果威信型家长与孩子产生观点冲突怎么办？孩子会因为威信型家长解释和沟通的意愿钻空子吗？不会的，因为威信型家长也是会设定限制和高期待的。通常情况下，孩子会培养出决断性而不会变得冲动，特别是孩子长大后会有更多锻炼决断性的机会。另外，有时候威信型家长会意识到孩子也是有道理的，也会被孩子的决断性积极地影响。

以卡洛斯为例。卡洛斯威信型父母制定的下一个规则是，必须完成家庭作业才能玩电脑或看电视。卡洛斯是一个活力无限的 5 年级孩子，他上完学回家后还有很多无处发泄的精力。他很难静下心来做作业，经常起来到处走动或者发呆，完成家庭作业变成了卡洛斯和家长的一个争论点。有一天，卡洛斯问父母做作业之前能不能休息一个小时。这一个小时他可以出去跟朋友玩、骑自行车或者做任何可以释放精力的事情。他提议玩电脑和看电视还是会等到家庭作业完成之后。卡洛斯可以自如地展现出决断性，他的父母也同意了他的提议。另外，他对家庭作业的专注度提高了。

那么权威型家长的孩子会怎么样呢？这样的孩子在面临卡洛斯的问题时会如何表现呢？通常情况下，权威型家长的孩子是不会为自己的想法发声的，因为会害怕受到惩罚或者家长的指指点点。不说出自己想法的被动行为意味着孩子会一直挣扎于注意力，这样会导致学习完成质量并不高。但是，如果权威型家长的孩子确实说出了自己的想法，挑战了先做家庭作业的规定会怎样？通常会被要求重复下家庭规定，"做完作业才能看电视和玩电脑"，然后加上一句重申家长的权威地位和孩子不应该对家长提出质疑。假如孩子坚持接下来很可能会得到一些权力惩罚。大家听过这句话没有，"顺我者昌，逆我者亡"？在职场上，这句话的意思是员工要么听从老板的要么会有被开除的风险。员工会有比老板更好的想法吗？孩子会有比家长好的想法吗？

● 要点提示

冲动带有伤害他人的意图而决断性没有！冲动包括对他人身体上、情绪上的伤害或者社会伤害，并且加害方是明显想要造成这些后果的。

再回到卡洛斯的例子。卡洛斯的做法被认为是具有决断性的，因为他声明了自己的想法（如果我先休息一下不用立马开始做家庭作业的话，我会做得更好），也能够照顾自己（协调需要发泄精力的身体需求和提高注意力的学习需求）。所以在这个例子中，卡洛斯提出的解决办法对父母来说是一种折中的办法。卡洛斯和父母都是具有决断性的——孩子要求先玩一个小时再做作业，父母坚持了先做作业再看电视和玩电脑的要求——这让卡洛斯认识到了为自己发声和维护自己的好处，也看到了坚持自己立场的好处，当父母坚持必须先完成家庭作业才能玩电脑和看电视之前。决断性促成了这一种双赢的解决办法。

简单地说，如果你不锻炼孩子的决断性能力就无法期望他们能对他人在其他情况下展现出决断性。另外，如果你传达给孩子的是决断性是不好的或者错误的，你也在打击孩子锻炼决断性的积极性。因为他们会认为这是"错误的""有侵略性的"或者"冲动的"。

检查你对决断性的态度

在你能够教导孩子决断性之前，家长必须首先愿意接受它并认识到决断性的好处。如果你对于让孩子做选择，给孩子解释理由或者允许孩子持有跟你不同的意见这些事情感到很不舒服，那么教导决断性这件事对你来说就像尝试在流沙上走路一样，你哪也到不了。你必须说服自己让孩子拥有决断性的价值要大于不断要孩子服从或者需要解释他们的选择。对你的选择或者规定做出解释说明——例如为什么即将进入青春期的孩子必须要整理自己的房间，毕竟房间是他的空间——是不会减少你作为家长的权威的。假如你的上司向你解释他做出的一项决定，你对他的尊重是会增加还是减少？为哪位上司工作你的工作效率会更高，是解释说明自己决定的上司还是仅仅告诉你"就这么做"但是不说任何理由的上司？虽然面对不解释的上司你会服从，但是你的工作满足感却很可能会降低。

对于权威人士的尊重呢？

有些人可能会想，"我的孩子对其他孩子表现出决断性是可以的，但是不能对大人，因为这是不尊重人的。"假定得体的决断性从来都不是没礼貌的、挑衅的、惹人生气的或者会受人指责的，那么这怎么会变得不尊重人呢？为自己发声，说出自己的想法还是寻求一种解释是不尊重人的？如果对任何一种情况你的答案是肯定的，那么你是在给孩子传达一种两面性的信息——就是可以对同龄人展现决断性（是你认为的不尊重），但不能对其他权威人士。

孩子对于不一致的信息有十分敏感的雷达，特别是对一些无法轻易证明的信息。记住，决断性跟不礼貌无关，也不涉及对他人的蓄意伤害。所以，为什么对同龄人可以而对大人，特别是有权威形象的人不行呢？而且，假如有些"同龄人"可能是权威人士——例如足球队队长——那么这个界限就变得更加模糊了。更有可能发生的是，类似欺凌、霸凌和其他支配他人的残忍行为在目标人和受害人，以及不直接参与的旁观者有足够的决断性能力去制止之前，是不会停止的。

想想可能的后果

如果你对于让孩子向权威人士展示决断性感到不舒服，那么有两件事你需要考虑。第一，设想未来某一刻你的孩子需要与权威人士对抗来保护自己。如果你的孩子被教练要求在沉闷的大热天下跑圈，感到恶心晕眩，你是宁愿你的孩子对教练提出异议还是忍受热天的疲惫？不幸的是，你的儿子或女儿可能需要对一些极少数诱导或误导他们的大人坚定地说"不"。虽然这些事情，幸好是很少见的，但是孩子需要有足够的决断性去告诉他人发生了什么。犯案者在挑选目标的时候，不太会选择那些具有决断性能力的人。如果你告诉你的孩子从来不要去质疑一个权威人士，当事情发生的时候孩子们很难去展现出必要的决断性。

● 知识普及

将近20%的儿童受虐案的犯案者不是家长，而是其他人，其中占比最高的是亲戚，占比7%。剩下13%的案件的犯案者是其他人，例如老师、教练、训练营指导等等。

第二件需要考虑的事情是由于决断性是一种能力，小时候缺乏练习会让孩子无法应对其他孩子的不合理要求，例如要求抄你孩子作业，尝试劝你孩子参与不合理的行为（例如喝酒、抽烟、吸毒，等等），或者开始霸凌你的孩子或者其他朋友。几乎每个家长都认同在这些情况下要求孩子能够有能力维护自己或者对抗他人。这需要练习。另外，需要家长明确的沟通和支持让孩子知道，决断性不只是可接受的，在上述情况中还是必要和被期待的。

教导决断性

教导孩子需有决断性有三种基本方法。第一，你必须能够判断什么时候要决断。第二，家长必须自己展现给孩子看。第三，积极地教孩子并且支持他在决断性上所做的努力。

判断什么时候要决断

假如你能够倾听自己的情绪，它们会告诉你什么时候决断性是得体且必要的。举个例子，如果你对一个问题感到困惑或者期待解释，以提问题的形式展现出来的决断性就是合适得体的。如果你感到生气或者被激怒了，判断下是否是他人导致的，如果是，决断地使用"我"的表达（详见第6章）。"我"的表达对于你的焦虑或害怕引起了他人的不安的情况也适用，例如妈妈在一个休假的周末给医生家里打电话。如果妈妈这样开头，"我很担心我儿子会觉得越来越疼"，基本上所有医生都会对这样的开场白感到生气。事实上，大多数人会尊重这样的事实，就是你打了电话情况不会更糟糕。

如果你因为被他人利用了感到很沮丧，让你做出一些你自己都认为是不合适和不必要的事情，这个时候"不，我不会那样做，因为……"的决断性就很适用了。或者，你可以再次使用"我"的表达，例如"我觉得做这件事很不舒服，希望跟你谈谈。"你的感受会告诉你什么情况下是需要决断性的。关注自己的感受并且准备好一些语言上的反馈或者行为帮助自己变得更加决断，特别是在有重大利益冲突的时候。

● **特别说明**

不要上陌生人的车，独自在家时不要开门和其他必须需要决断性的情况，是必须要跟孩子讨论，甚至是锻炼的。严肃认真对待决断性的锻炼但是不要吓到孩子。

示范决断性

决断性能力不会在需要的时候就突然出现了。相反，好心好意和关爱孩子的父母不示范给孩子决断性，可能会不经意间教导了孩子不要有决断性。看看杰罗姆妈妈的例子。在一个周五的下午，妈妈带杰罗姆去看医生因为他感到恶心难受。医生给杰罗姆做了一个很快的测试，问了一些问题，得到的结论可能是食物中毒或者病毒并且建议杰罗姆回家休息。当杰罗姆的妈妈问医生如果是食物中毒的话孩子这么痛是不是正常的，医生的回答很含糊，然后安慰他们说明天会感觉好很多。但是那天晚上，杰罗姆感觉更糟糕了。杰罗姆妈妈不想大半夜打扰医生，而且她白天已经问过一次了，她还能问些什么呢？所以他们等到了第二天早上。到了早上，杰罗姆的疼痛加剧，妈妈吓坏了然后立刻带孩子去了医院。结果是得了肾结石。如果杰罗姆的妈妈前一天在医生那能够更加有决断性，或者她愿意在下班时间给医生打电话，杰罗姆可以更早地接受治疗。但是，如果你被教育的观念是不应该质疑权威人士，即使是大人也很难学会决断性能力。

孩子会观察大人与其他人之间的交往，并且会直接向他们观察到的行为学习。如果孩子看到家长示范决断性，他们会学习到这些能力；同样地，如果孩子不幸观察到家长的冲动或者被动，他们也会学习变得冲动或者被动。

● 问题思考

怎样能确认决断性不会带来适得其反的反效果，让其他人拒绝向你提供帮助，变得冲动，或者其他对你带来伤害的反应呢？

任何会用冲动或者其他不得体行为回应决断性的人，不论你展示出决断性与否，都是会这样做的。被动可能看似在短时间内维持了事情的和平，但是长期来说很少能够解决问题。受虐待的孩子躲着暴力的父母也还是会受到虐待。决断性行为是比任何其他行为都更可能阻止他人对你的不公正对待的。

决断性技能

能够认识到自己感受的孩子已经掌握了决断性技能的第一步，但是真正掌握决断性还有更多需要学习的地方。关注孩子的感受能够帮助孩子认识到哪些情况下是需要展现决断性的。例如，你的孩子可能正因为下雨取消的足球训练感到沮丧，但是这个时候并不需要决断性。而因为其他孩子试图抄袭他的作业引发的沮丧却是需要决断性的。因为被嘲笑引起的难过是需要决断性的。被哥哥姐姐在朋友面前欺负羞辱产生的愤怒情绪也是需要决断性解决的。帮助孩子发现感受，然后让那些感受和引发的原因引导孩子的下一步行为。

决断性陈述

当孩子跟你分享他一天的经历的时候，关注能够帮助学习和探讨决断性的机会。"罗斯在校车上想要抄你作业的时候你是怎样做的？"如果你女儿拒绝了让罗斯抄作业，奖励孩子设定了很好的界限。如果你女儿屈服了（她并不想分享她的作业但是不知道怎么说"不"），那么你需要教她使用"我"的表达。告诉她可以说，"我觉得不应该把作业给你抄，因为老师说过我们应该自己独立完成作业。"或者，简单的一句"不，我不想给你看我的作业"就足够了。使用例如"设定界限""说不""说出你自己的观点"或者"维护自己的利益"去帮助孩子将他们的情绪与决断性语言和行为联系起来。

决断性行动

当你的孩子长大，会有越来越多的时候需要决断性行动，不仅仅是决断性语言。能够介入霸凌事件的十多岁大的孩子就是在展现决断性。或者，能够不接触自己不想或者离开不应该卷入的情况的孩子也是在展示着决断性。因为学业感到压力过大的孩子能够愿意去寻求老师帮助也展示着决断性。能够与比自己大的哥哥姐姐对抗的孩子——可能是父母给予了奖励来照顾弟弟妹妹但是却忽略了弟弟妹妹一直在跟朋友发信息聊天——是值得父母的认可和支持的。

● 问题思考

孩子应对霸凌时应该采取怎样的决断性行动？

教会孩子使用眼神交流，并且语气要坚定，例如"我是不会让你欺负我的"。然后，孩子需要持续自信和决断性的行为，例如不会闪躲，而是想坐哪就坐哪，不会交出自己的午饭钱，而是告诉霸凌者"停止你的霸凌"。如果霸凌行为又开始了，孩子还应该寻求大人的帮助。

决断性不仅仅能保护孩子不受霸凌，避免不希望发生的事情和他人不公平对待的伤害，还能够给予孩子一些十分积极的东西——让他们相信自己是足够受重视的，即使在没有利益冲突的时候，孩子也是可以寻求他们想要的解释，说出自己的观点或者对不合理或不合时宜的要求说不。决断性会加强一个人的自我意识和自我价值。家长如果将决断性视为自我尊重的展现，而不是对他人的不尊重，或许包容孩子决断性的意愿能够得到提升。

第 9 章
人际关系

　　人际关系能力也许是众多情商能力中最能够自然接触到的能力。人际关系能力的发展无处不在，当孩子跟朋友一起玩耍时，跟家长拥抱时或者帮助幼儿园老师照顾教室的宠物鼠时，都是在培养人际关系。虽然人际关系孩子们每天都能接触到，人际关系能力是需要学习的，这会帮助孩子在以后的人生中寻找并有意义地发展人际关系。

人际关系包括了什么？

成年人的人际关系可以像谜一样复杂——开放且交流的或者封闭而平静的，充满信任或者怀疑的，为双方利益或者自己利益着想的，稳固的或动摇信心的，滋养的或冷漠的——所有这些结果很大程度上都依赖于一个人在儿童时期培养的能力。家长给孩子展现的行为，家长与孩子的互动，孩子们观察到家长之间的人际关系，给孩子们传达关于人际关系的价值，以及家长积极主动教导孩子如何进行人际交流，都会影响孩子对形成有意义和双向人际关系的态度和能力。

拥有优秀的人际关系能力意味着孩子知道如何与陌生人接触，如何建立起一段人际关系，以及如何在亲密关系中发展相互关系。

人际关系对儿童的重要性

人际关系对于成年人取得成功的重要性是很容易理解的。不论是对培养一段浪漫的恋爱关系，在职场建立有效的团队关系，处理有挑战的邻居关系，还是获得第一份工作，人际关系都是成功的关键。有些孩子很早就掌握了人际关系的艺术。也许这些孩子天生更加外向，也许他们是从父母那学来的。对另外一些孩子，特别是天生比较害羞内向的孩子，没有机会观察到健康人际关系的孩子和没有被教导过有效的人际关系能力的孩子，发展良好的人际关系会更加困难。

● 问题思考

对那些害羞内向的孩子或者自己玩得很开心的孩子——他们应该被要求跟他人互动吗？

是需要的。人际关系对我们的情绪健康是至关重要的，并且不是所有孩子都有发展成功人际关系的直觉能力。对更加内向的孩子可能会特别困难。所以他们更加需要大量的练习。但是，家长提供的练习机会应该考虑到并且尊重孩子的脾气性格。换句话说，不要把一个害羞内向的 8 岁孩子送去夏令营一整周就指望能够治好他的内向。

到了中学，孩子们之间的人际交往会成为生活的一个重心。对于缺乏同龄人关注的人际交往能力的孩子，中学可能会是一场灾难——不管这个能力是会不会一种运动还是谈论流行歌手最新的歌曲。理解人际关系是如何运作的并且展示人际关系能力是贯穿孩子从中学生活到成年人生活的关键部分。

成功人际关系的要素

回想下你自己最成功的人际关系。它们都有什么特点？很可能你的回答会包括以下几点：信任、尊重、相互的付出与索取、做自己的能力并且因为做自己得到尊重、有共同的兴趣爱好、情感上的亲密或者可以分享自己的脆弱、对对方的关心以及有效地处理矛盾的能力。

成功的人际关系并非偶然。良好的人际关系需要能力。下面列举的是能够帮助孩子提高与他人相处效率的能力。

- 如何与陌生人展开一段对话
- 如何以及何时将一段对话从表面提到一个更加有意义的层面
- 如何协商
- 如何化解矛盾
- 如何给予和索取
- 如何建立信任
- 如何建立情感纽带——或者试图与对方建立
- 如何使关系变得有趣

孩子的友谊：人际关系的体验和锻炼

孩子之间的友谊是他们锻炼有效的人际关系并体验人际关系中起伏的机会。孩子的友谊远比大多数成年人以为的重要，很多人没有考虑到孩子的友谊对于孩子学习如何开启、发展和维持人际关系的能力的价值。

那个宝宝是谁？

即使是小宝宝，他们会对其他宝宝或者孩子有比对成年人更大的感应。堂兄妹扎卡里和凯蒂是同一个星期出生的。到了 6 个月大，他们都能坐起来了，他们正对着对方在一张毯子上坐着。凯蒂伸出自己的手拍了拍扎卡里的脸。扎卡里发出抗议也拍了拍凯蒂的脸。兄妹俩来回拍着笑着，直到凯蒂有一下拍得有点重，拍得扎卡里往后摇晃。不疼也不闹，扎卡里重新坐好，游戏继续。没错，这就是一个游戏。婴儿从这些互动中学到了什么？他们学到了其他人，特别是看上去跟他们很相似的（身型大小、特征等等）是很有趣的。他们体会到了喜悦感，学习双方互动的开始（回想下凯蒂和扎卡里互相摸对方的脸）。他们还学到了什么情况下会原谅继续，就像扎卡里在被凯蒂往后拍了一跟跄之后还愿意继续玩。

● **知识普及**

婴儿之间感知很强烈，典型的有，如果一个婴儿开始哭——假设在一家日托中心或者医院的新生儿部门——很多孩子也会开始跟着哭。另外，婴儿可以分辨他们自己哭声的录音和其他婴儿的哭声。婴儿是生来就准备好与人交际的。

学步年龄段和学龄前儿童友谊

1 岁的凯蒂有一位 14 个月大的朋友，安娜。实际上，凯蒂和安娜并不能意识到对方是自己的朋友，而是因为她们的家长关系很好，她们才经常一块儿玩。但是因为对对方的熟悉，只要她俩碰到一起就很容易开始跟对方玩起来，虽然她们各自都有一个哥哥姐姐。

安娜有一组厨具玩具，当两个家庭聚在安娜家的时候，她和凯蒂会轮流"做饭"。安娜和凯蒂之间的小游戏会从拿一件物品展示给对方看开始。她们会笑对方。她们会提出要喂爸爸妈妈吃想象中的食物并以此为乐。两个学步年龄大的孩子在一旁玩得很开心，不需要语言去巩固她们的友谊。她们相互之间的熟悉感和舒适感让她们能够共享一个空间不存在争吵。

那关于友谊，她们学到了什么呢？首先，她们学到了如何分享空间和玩具。虽然偶尔也会有关于争抢某个厨房用具的小争吵，但是一旦争吵解决了，孩子们很快就会忘记刚刚的不愉快。本质上，她们学会了"原谅和遗忘"。同时还加强了对人际关系的认识，认识到人际关系是可以让事情变得更有乐趣，也给生活增添乐趣的。还认识到跟朋友玩耍是一件需要参与投入其中的事情。

学龄前的孩子会参与到更加复杂的互动之中。他们现在会更多地，基于相同的玩具或者活动爱好"选择"他们的朋友。另外，他们更加会共同玩耍，例如一起建造一个玩具塔或者一起玩游戏。他们经历具体矛盾的可能性也会更大，因为跟同龄人互动的加深。例如玩具不够或者在角色扮演游戏中双方都想扮演"老师"时就会产生矛盾。另外，这个年龄的孩子会开始期待见到他们的好朋友，与友谊产生有乐趣的连接。

作为家长我们可以为孩子未来人际关系打基础做些什么？首先，强调分享。因为孩子是不能站在别人的立场思考问题的，分享对他们来说可能有困难。即便孩子可能不能理解为什么要分享，让他们去分享并且这样解释给他们听，"你们两个人都想玩这个玩具，所以你们需要轮流玩，我会设定一个闹钟，闹钟响起的时候就要把玩具给安娜玩"。（其实最好的做法是拿老式的玻璃瓶沙漏计时，这样孩子们可以在分享出玩具之前看到剩余的时间。）分享是给予和索取的第一课，而相互关系对成功的人际关系是至关重要的。分享还会滋生出信任——每个孩子都能确信对方愿意拿出心爱的玩具。

人际关系中一项重要的能力是承认错误的能力。因此，在孩子在学步和学龄前阶段就开始教他们说"对不起"和"我错了"。但是，不要期待他们能带有对另一个人的同理心去承认错误。记住，这个年龄段的孩子还做不到感同身受。但这并不是从来不认错的理由。

另外一件家长可以做的事情是教孩子如何解决矛盾。如果矛盾爆发了，让孩子们聚在一起，每个人说说发生了什么，然后帮助他们尝试看到他人的立场（同样的，对孩子们来说很难完全理解，但是这没有关系）。然后，让孩子们提出可能的解决建议，并且与他们一起想办法（可能要给他们想法）直到达成一个双方都接受的解决办法。这个过程就叫作协商，这是孩子将来会需要的能力！

家长还可以做的事情包括确保孩子有足够的机会跟同龄人互动。即便是家长选择跟孩子待在家，确保学步或者学龄前孩子一周能有几次跟同龄孩子互动的机会。对学龄前孩子来说，练习分享，从小争吵中恢复心情以及体验人际关系的乐趣都是十分重要的。孩子们也需要练习跟不熟悉的同龄人待在一起也感到舒适，并且学会如何开启话题互动，邀请对方或是加入已经玩在一起的小朋友们。另外，他们需要练习基本的人际关系能力，例如决断性（"我想玩那个玩具"）和在其他孩子没有询问直接抢走玩具的时候进行情绪表达（"我生气了"）。

友谊和接近度

凯蒂现在 5 岁了，开始上幼儿园了。在幼儿园里凯蒂最喜欢跟其他女生一起玩（是的，这里存在一种早期选择玩伴的年龄偏见），特别是跟坐在她旁边，跟她搭一班车或者同一个足球队的孩子们一起玩。友谊，在这个年龄，很大程度上是受便利程度（谁有空或者谁在旁边），共同参加的活动（足球队、女子童子军），或者对某个玩具或游戏的共同兴趣的影响的。因此，一个孩子可能有多个好朋友，住在隔壁的好朋友，在足球训练一起玩一起睡觉的好朋友，或者学校交到的新朋友。这个年龄段的友谊没有太多忠诚可言，这明显地体现在孩子有时候会说"如果你……（例如，给我你的糖果，跟我分享那个玩具），我就当你最好的朋友"。或者大多数家长都听过的一句熟悉的话，当孩子们感到沮丧的时候说"我跟你不再是好朋友了"。

● 问题思考

为什么孩子在学生时期更愿意跟同性别的孩子一起玩？

这是因为我们将男孩和女孩社会化了——给他们穿不同的衣服、介绍给他们不同的体育活动、采用不同的亲子相处类型、提供不同的玩具甚至允许男孩子有更多的决断性和冲动——孩子们倾向于跟同性别的孩子玩是因为他们更可能有相同的兴趣和相处方式。即便这样说，从男孩跟女孩的友谊中也能发现很多共同的兴趣，而家长应该鼓励孩子之间的友谊。

关于友谊，孩子在这个阶段学到了什么？凯蒂现在理解了"朋友"的概念，就是你选择一起互动的人。这个年龄段会有更多机会让孩子感受到受伤、被排挤或者尴尬，假如你的孩子是站在一群孩子旁边无法加入。换句话说，孩子们开始学到人际关系可以带来喜悦感，但也会带来悲伤。

在这个年龄段家长能够如何提高孩子的人际交往能力呢？如果你还没有教导孩子如何有效地与他们展开人际关系，现在就要开始这样做了。教会孩子去到新的班级要说些什么，如何去加入一个已经开展活动的集体，或者如何邀请他人加入。对于害羞内向的孩子，可以用填充玩具或者其他家庭成员帮助孩子进行角色扮演互动。帮助孩子们学会使用这些表达，"我想要……你想跟我一起吗？"想要加入某个团体活动的孩子需要学习的技巧，例如，一边说着"我也可以一起玩吗？"或者"这看起来很有趣"，一边从后面加入在邻居家院子里围着洒水器开心地奔跑的小伙伴们。在这些情况下，害羞的孩子尤其不知道要说些什么或者如何加入其他小伙伴，有时候就闷闷不乐地远远地或者从窗户那头看着。或者，他们会在周围晃悠，期待有人能够主动邀请他们加入，并没有意识到他们是可以自己主动加入的。又或者，他们会做出一些奇怪的举动例如拉拉水管把洒水器拉得离自己更近，这样会惹其他孩子不开心。

小学生的友谊

到了八九岁大，孩子之间的友谊会变得越来越复杂。他们可以更好地理解为什么比起一个人他们会更喜欢另一个人，也能理解喜欢与朋友相处的地方是什么。所以，虽然凯蒂可能今年跟她最要好的朋友会分到不同的班级，但是她很可能会跟好朋友保持紧密联系，如果他们有共同的兴趣并且喜欢"黏"在一起，也会开始产生忠诚的意识。对于为什么这个人会成为我的朋友的描述渐渐地会关注在那个人本身的特点和性格上，例如"她真的很有趣"，而不是"我们在同一个足球队"。另外在这个阶段还有一个变化就是，孩子们开始理解信任和相互关系的概念。他们会期待好朋友友好地对待自己，并且理解自己也被希望能够友好待人。

关于友谊，在这个年龄段孩子学到了什么？首先，他们开始更好地理解友谊不仅仅是一起做某些事情。他们会欣赏对方的优点以及理解别人的优点（例如，幽默感和创造力）会怎样影响自己。不幸的是，他们也能体会到信任被破坏或者缺乏双向回应带来的伤痛。但这些情况，假如发生了，也能够给孩子学习如何修复信任以及克服失望的机会。

在这个年龄段，家长能做些什么来培养孩子的人际关系能力呢？首先，家长可以帮助孩子理解信任是什么，以及信任在关系中的作用。举个例子，如果你的女儿已经接受了一个朋友的邀约，答应了周五晚上要到朋友家过夜，然后知道足球队要在晚上六点的比赛结束后一起出去吃比萨，这个时候她需要做出重要的决定。她会取消跟朋友的约会，还是不跟足球队一起出去，或者是尝试两个活动都参加，将晚上七点到朋友家改到晚上八点半？跟孩子谈谈承诺、信任以及如果情况反过来，她会希望别人怎样做。有时候我们需要做出一些能够支撑一段重要关系的决定——在比赛结束后立马去朋友家——以此展示出你对这段关系的重视。另外，如果情况反过来，你的女儿很可能期待或者至少希望她的朋友也会做出同样的选择。这就是相互关系和忠诚的问题。

家长还可以加强孩子结交新朋友的能力。每年足球队、教室或者女童子军聚会都会有新朋友的加入。教孩子学会使用谈话的构件（详见本章后面一个部分），会帮助孩子有效地跟她想要成为朋友的孩子打交道。

● 要点提示

看到孩子没有收到其他小朋友生日会的邀请或者不能很好地在一些社交场合跟同龄人融洽相处，这些对于家长来说可能会有很大的打击。向老师或者有机会观察到孩子与人相处的其他人寻求反馈。友谊的缺失可以有很多种原因——包括性格内向害羞、在某些方面的不同、缺乏互动技巧或者甚至是抑郁。尝试去理解问题的根源并首先着手解决这些问题。

青春期前和青春期的友谊

到了青春期前（12岁、13岁），孩子会更加关注信任和忠诚，另外对朋友的定义加上情感的亲密。凯蒂，到了这个年纪，会寻找在她不开心的时候可以倾诉的人，可以分享秘密的人或者可以在遇到问题时帮助她的人成为朋友。特别是到了青春期中期（14岁、15岁），朋友变成了孩子生活的中心，当遇到问题的时候孩子会"去找"朋友而不再是家长。青春期的友谊是很强烈的，但也会有背叛和其他严酷的体验。不管是一次轻微的还是彻底的背叛，友谊的裂缝会给孩子的信任敲响警钟，尤其是没有修复的友谊或者没有解除的误会。

孩子们在这个年龄段会学习如何获得别人的信任、进行协商、如何示弱（情感上的亲密表现）以及在出了问题之后如何修补关系。

作为家长，我们能为青春期的孩子提供怎样的人际关系能力的支持呢？因为很多青春期前和青春期的孩子不会过多的跟家长谈论他们的友谊，尤其是友谊中的问题，所以家长最强有力的手段是示范给孩子看你希望他们拥有的价值观和能力。所以，让孩子看到你在家庭范围以外对亲密友谊的维护，跟孩子分享你与朋友解决争论的例子，讨论友谊中的两难情形和一些必须做出的选择，以及当你遇到困难时，什么对你来说是重要的（信任、忠诚等），这能够帮助你做出最明智的决定。

如果我的孩子加入了小团体我应该做什么？

在学术范畴上，小团体指的是一小群早期青少年成为朋友经常聚在一起，通常都是同一个性别的孩子。成为小团体的一员对女孩来说是预示着学习和社交能力，但对男孩不是。所以，小团体也不一定是坏事。无法容忍跟自己不同的人或者霸凌比自己弱的人的行为是需要被制止的，所以家长要确保跟孩子谈谈对不同的包容以及对所有人都需要有的尊重。

建立人际关系的基本能力

如果你的孩子能够掌握以下四种能力，那么他会打下很牢固的人际交往能力的基础：读懂在社交环境中的信息、掌握谈话的层次、回应情感诉求和处理矛盾。

有效的现实判断

有效的现实判断，将会在第 12 章详细讨论，可以让你的孩子能够扫描环境获得信息，知道什么时候是接近某个人或某个团体的合适时机。例如，如果两个孩子已经很好地玩在一起，共同建造了一个很大的塔，那这个时候对你的孩子来说就不是一个加入团队的好时机。相反，如果两个孩子刚刚清空地上的玩具块，那这个时候去加入是更好的。

教会孩子去认识到环境中的这些信息，如可供使用的材料。例如，一颗篮球可能最多三个孩子可以共享一起玩，如果你的孩子想要加入除非他提议来一场二对二的比赛。另外还要教会孩子关注他人非语言邀请的信息（朝你的孩子挥手，看向他的方向对他微笑）去加入已经玩在一起的孩子。这些想法可能对于孩子来说看起来过于复杂，所以调整你的语言表达以及程度让孩子能够接受理解。即使是 4 岁孩子也能明白四个小朋友只有三辆三轮车的话，是需要有一个人离开的。知道如何提议分享并且如何找到其他"开放的"团体去加入将会使你的孩子免受很多可能对他自尊的打击。

掌握谈话的层次

你有没有过在跟成年人打交道的过程中，因为对方过快地分享了一些情感上很亲密的信息而让你感到不太舒服的经历？举个例子，假设你提出邀请部门的一位新同事在第一周带她外出吃午饭。你们吃饭的时候，她跟你分享了最近因为取消订婚很不开心，而且她已经因为这件事情绪低落了四个月。她还告诉你她加入了一个能够帮助她走出这种伤心情绪的治疗活动。在两个人第一次见面时候就进行这种层次的情感亲密信息的分享可能会让大部分人感到不舒适，因此对方也许会往后退一步，这并不利于长久关系的发展。另一个极端是没有办法离开关于事实性话题的人——某个活动、关于衣服潮流的新文章或者接下来假期的安排。你可能花了大量的时间跟这个人打交道但并不能了解他。

概括地说，如果孩子想要发展一段友谊的话，孩子与他人的谈话应该从第一次跟朋友见面时聊些事实和数据（你的老师是哪位，你踢不踢足球）发展到更加有趣的层面。适合孩子年龄段的下一个层次情感亲密分享是分享你是谁（例如，你有多喜欢足球，你对于某些电脑游戏的看法喜好）。下一个层次的分享会变得更加亲密，例如分享开心或难过（例如孩子因为没有被教练安排比赛首发而沮丧，或者在比赛中得分最多而高兴）。最后一个层次，是仅仅留给最亲密朋友的情感亲密，这对于大多数孩子来说直到青春期前或者青春期是没办法进行这个层次的交流的。青春期的孩子不喜欢踢足球想退出足球队但又不敢退出，因为害怕父母会失望（或者生气），把这个层次的信息分享给最好的朋友需要一个更深层次的信任和与他人的联结。

● **特别说明**

在教导情感亲密的时候，家长要避免对男孩子的区别对待。男孩子需要跟成年人一样形成关爱和健康的关系的能力。所以，不要认为情感亲密是只有女性需要的或者认为女性才应该对一段人际关系有维护的责任。关系需要双方都愿意相互联结。

另一个学习如何开启和维护谈话的有用工具是问题的使用。对于封闭式问题，可以用简单的肯定或否定回答，有时候是合适的（例如，我可以跟你一起玩吗？）。但是更有意义的谈话是建立在开放性问题之上的。所以，一个想要认识新来女同学的青春期孩子可以问"你喜欢什么运动？"。这个问题开放了更加深入的谈话的可能，即使对方的回答是她根本不喜欢运动！

回应情感诉求

心理学家将想要与他人产生联结的需要称为"情感诉求"，不论是比较浅的表面层次还是一个更加深入的情感层次。前面的内容介绍了孩子可以开启情感联结的方式。回应他人的情感诉求也同样重要。本质上，有三种方法去回应他人——孩子可能"接受"其他孩子的邀请并积极参与互动，可能忽略邀请和邀请的人，或者可能以一种不合适或者冲动的方式做出回应。这三种方式中，只有一种回应方式能够建立健康持久的人际关系。所以，家长需要教导孩子——直接教导和示范——当他人发出诉求想要得到关注的时候，他们需要得体地进行回应。家长通常被工作或者家庭事务填满，有时候会无意间忽略了或者不恰当地回应了孩子的情感诉求。比如一个 5 岁孩子跟正在进行一项大的家务工程例如整理堆满杂物的车库的家长说"你可以跟我一起玩游戏吗？"，可能会得到敷衍的回答，家长会继续工作（因此忽略了孩子），可能会得到发泄的回答（"看不到我现在正在忙吗"），或者可以得到合适的回答。合适的回答可以是休息15分钟陪孩子玩，可以是邀请孩子一起进行车库清理，也可以是面带微笑告诉孩子什么时候你可以结束工作陪他玩。被忽略或者冷落的孩子会学到不要提出情感诉求，也会学到当他人发出情感诉求时是可以忽略或者冷落他人的。

处理矛盾

有很多关于如何处理矛盾的书籍，所以矛盾处理很明显是一项重要的人际关系管理能力。书中提到的其他情商能力，如果运用到矛盾情境中，可以帮助孩子有效地管理矛盾。情绪的自我意识让孩子理解令他生气的原因，而情绪表达让孩子能够将情绪得体地表达给正确的人，提醒他们出问题了，并且自己需要他们的帮助来修复解决问题。决断性确保孩子不会被他人利用，给了孩子提出难题的能力。从有效的人际关系能力而来的信任、忠诚和相互关系给了孩子更坚实的基础去谈论一些敏感的话题或者去达成一些决定使得关系得以延续。同理心令孩子理解他人的角度和立场，这在解决矛盾时是必需品。问题解决和冲动控制给了孩子思考问题（矛盾）可能解决方案的能力，以及控制冲动会确保孩子不会在矛盾解决中丧失耐心。这些能力列举出来也许看上去太多太难以掌握了；但是，孩子越早开始学习练习这些能力，就越有可能有效解决矛盾冲突。没有矛盾的人际关系一般是停止在表面的关系层面，所以也不会带来很大的意义和喜悦。

● **特别说明**

对所有的矛盾冲突，教导孩子去寻求双赢的解决办法，而不是一方赢一方输或者甚至是双方都觉得不获利的妥协。换句话说，教导孩子找到满足矛盾双方需求的解决办法。

人际关系和害羞的儿童

心理学家杰罗姆·卡根已经进行了几十年对于害羞内向儿童的研究。首先，家长要认识到害羞内向是孩子天生的脾性，就像孩子出生就有不同的活动能力。当一个害羞内向的孩子被放到一个新环境或者陌生人之间的时候，他的血液中会充满一种强烈的精神反应，这种反应跟你面对过多压力的时候感受是一样的。换句话说，新环境和陌生人对害羞内向的儿童来说是一种压力。这种心理反应会让孩子更难以清楚地思考，并且自然地想要寻求一种能够停止这种心理压力的环境。因此，他可能会抱着大人的腿，拒绝进入这个陌生环境，会哭或者会有其他行为表现。教育一个内向害羞的孩子需要大量的耐心，并且需要家长愿意去帮助他们练习人际关系能力。

● 要点提示

　　孩子害羞的东西可能会让家长感到难堪。在所有5岁孩子都冲向足球场训练的时候，你的孩子黏着你跟在场边会让家长感到不舒服。如果你是会感觉不舒服的家长，请以你自己不舒适的感受去同理心感受孩子的感受。不管你是感受着怎样的不舒适，孩子在新环境下可能正面临着比你要大得多的不舒服感受。在家长帮助孩子调整心情的时候自己要保持耐心和冷静。生气、恼火或者威胁都不能让害羞消失。

　　当害羞内向的孩子到一个新的日托中心，他会发现加入其他孩子团体是很难的一件事。家长可以赢得老师的帮助去"训练"孩子面对这样的情况。例如，假设一群小朋友在一起玩游戏，你的儿子站在旁边观看，老师可以走过去问他是不是想要加入一起玩。如果他想加入，老师应该帮助他理解接下来应该怎么做。有时候可以直接以"我要过来一起玩"的方式加入群体——例如孩子们在玩捉迷藏的时候。有时候孩子需要让其他人知道他是想要加入的，"我也想一起玩"。选择正确的时机提出加入的请求会获得热烈的欢迎而不是被忽略。

　　在内向害羞的孩子的成长过程中，家长可能要设定学习这些能力的机会。例如，如果他想去看最新的《复仇者联盟》电影，要求孩子去邀请一位朋友一起去并且邀请对方看完电影一起去吃甜筒冰淇淋。害羞内向的孩子能够更好地处理一对一的关系，所以给他们创造成功人际交往的机会。在孩子长大一些后，教导他们所有不同类型的对话模式。例如，10 岁的查理天生就非常害羞。每周五晚上查理家都会点比萨外卖，然后大家一起一边吃比萨一边看电影。一个周五晚上，查理问父母比萨点了没有。查理的爸爸妈妈还没有点外卖，然后查理的妈妈给了他比萨店的电话号码让查理去打电话点外卖。妈妈给查理进行了 30 分钟的培训关于要说什么以及接电话的人可能会问些什么之后，查理终于有勇气打出电话。对害羞的孩子就是要这样引导。其他孩子可能很轻松就能学会的人际关系能力，对于害羞的孩子可能要经历很痛苦漫长的时间去培养。家长有责任去跟孩子一起提升能力，从而缓解焦虑。

第 10 章

同理心

同理心，有些成年人一听到这个词就会立马想到被占便宜或者必须服从他人的情景。这不是真的！同理心既不需要屈服也不需要一致性。同理心唯一需要的是愿意倾听并理解他人的立场。听起来很容易，但做到有同理心并不容易；同理心可能是情商能力中最难学习的一项能力，有部分原因是因为同理心要求在当下去关注他人而不只是关注自身。

同理心包含什么？

　　同理心首先要求一个人能够站在他人的立场思考问题。换句话说，同理心的基础是一种认知能力。学龄前儿童站在他人立场的能力十分有限。试想 2 岁的孩子在玩捉迷藏。当你开始倒计时之后，他跑向了房间里其他地方，在与你所在的同一所房间内面对着墙用手遮住自己的眼睛。他认为他把自己藏得很好！他不能够想象你会看到什么或者意识到他本可以选择更好的藏身之地。

　　想象他人的情感角度对学龄前孩子来说就更加困难了——这比看到一个人坐在哪或者站在哪要抽象得多——所以，孩子们会说出一些伤人的话。5 岁的罗比有一天接了一通电话，他认出了电话那头的声音。所以他对妈妈这样说："妈妈，是那个话很多的女人。她想要你接电话。"罗比因为他认为的说了实话而受到了批评。但是在他这个年龄很难让他把自己放在接电话人的立场去想象对方的尴尬。还有一个例子，4 岁的赛琳娜跟家人在佛罗里达州的迪士尼公园玩。他们坐在一辆公交车上，当一个混合种族的家庭上车时，赛琳娜很激动地看着他们说："看那个家庭——他们是不同颜色的！"罗比和赛琳娜都不是故意要伤害任何人。他们只不过还没有设身处地站在他人角度的认知能力。

● **特别说明**

　　告诉孩子他说的话影响到别人了，而不是因为无意说了一些伤人的话去惩罚一个学龄前儿童。如果你因为孩子在现阶段缺乏一种能力去惩罚孩子，是不会培养出同理心的。

同理心的第二个部分是足够理解他人的立场从而影响自己的行为、观点、想法或感受。回到捉迷藏的例子。如果 2 岁的孩子可以看到你的立场，他很可能会改变他的行为去选择一个不同的藏身之地。4 岁的赛琳娜和 5 岁的罗比可能会选择不去评判他人的特征，如果他们掌握了设想他们的评论给别人带来的感受的能力。

当孩子渐渐长大，他们变得认知上能够站在他人的立场考虑问题，但是他们以自我为中心的情感（成年人也会这样！）有时会阻止了他们考虑他人的感受或想法。例如，8 岁大的女儿摔伤了腿，要去医院缝针，她可能理解自己需要治疗但是因为想待在家里看电视还是会跟你大吵大闹不愿意去医院。又或者，一个青春期前的孩子认知上能够理解你想要保持家里整洁的立场，但还是会因为忘了或者不想麻烦或是认为收拾东西不是什么重要的事情而继续乱扔东西。这个青春期前的孩子缺乏同理心的一个重要部分，那就是在乎他人的立场。

假设一个孩子有了理解他人立场的认知能力，又在乎他人的立场，那么会发生什么？这样的儿童或者青少年会经常被要求改变自己的行为、信仰或者情感吗？事实上是不会的，那样是不健康的，会导致不好的结果。一个青少年可能认知上可以理解为什么他的朋友会不喜欢某位老师，也在乎他朋友因而感到焦虑。孩子可能会花时间跟朋友发信息聊天安慰朋友。但是，同理心并不要求你的孩子也讨厌那位老师，甚至也不要求孩子同意朋友提出的对老师的批评意见。同理心允许这样的可能——但并不要求——你去改变自己的行为或情感。然而，同理心却要求我们理解和在乎他人的情绪，以一种理解和支持的方式。

如何区分同理心和同情心?

同情心是感受到他人的不幸或挣扎的一种情绪。例如,如果你的孩子在大街上看到了流浪汉,然后说这些人在晚上该多冷呀,这个时候你的孩子是在展示同理心。如果你的孩子只是说:"我为他感到抱歉,我们可以给他们一块钱吗?"这是同情心的展示。

为什么同理心很重要?

没有与他人产生共鸣的能力,孩子会变得以自我为中心,考虑问题只会从自己的角度出发。人际关系的发展会被拖延,成年后的工作表现也会受影响(在团队中你的观点总是最好的吗?),并且会缺失了与他人联结的基本能力。

● 要点提示

不要指望一个3岁孩子真诚地道歉说"我错了"。因为他并不能站在他人的立场。情感冒犯或者伤害别人的概念远远超出了他的理解范围。即使是这样,家长可以向孩子解释他们做了什么事情伤害到了他人并且需要道歉说"我这么做我错了"。确保孩子知道自己做错了什么(例如从你手中抢玩具),因为这会帮助孩子培养出同理心。

同理心给了孩子选择。当她选择站在朋友的角度看问题的时候，不同行为反应的多种选择就出现了。回想前面提到的接受了朋友的邀请后来又发现足球队晚上 6 点以后要出去吃比萨的孩子。这种情形下，同理心会首先让孩子想到她应该想想朋友的反应（有些人甚至觉得不需要考虑他人的感受，或者他们认为对比他人和自己的不同立场是无关紧要或者不重要的）。如果你的女儿决定考虑朋友的立场，她很可能会意识到如果取消了约会或者迟到的话，她的朋友很可能会感到失望（最好的情况），或者感到被冒犯、非常生气或者受伤（最坏的情况）。只有你的女儿理解了这个角度，那么她才能够更好地权衡自己选择的结果。这次比萨聚会有那么重要以至于她愿意让朋友失望吗？另外，如果情况反过来的话，你的女儿会希望对方怎么做？

同理心发展的阶段

　　因为同理心要求一定水平的认知能力，儿童在不同年龄段有着不同的同理心能力。新生儿甚至意识不到自己是跟别人不一样的个体，所以同理心是看不到的。到了 2 岁的时候，孩子可以在有限的情景中展现出同理心。然后到了青少年时期，唯一限制同理心发展的是青少年通常会经历的利己自私。

学步和学龄前儿童与同理心

2岁孩子只会对看得到或者听得到的具体行为产生同理心。例如，2岁的贾斯汀的妈妈在车里斜着身子帮他系安全带的时候撞到了自己的头。妈妈捂住头大叫了一声，贾斯汀很容易就看出来妈妈很疼。贾斯汀参照了妈妈通常的做法，摸了摸妈妈的脸说"希望你好起来"。然而，如果情况涉及一个他梦寐以求的玩具的时候，他并不会有相同的同理心。为什么？因为那会要求他把自己放在朋友的立场上并理解朋友可能会面临的沮丧。他现在还不具备这样做的认知能力。而且他也不是因为同理心而安慰妈妈撞到头。他只是通过展示自己受伤的时候妈妈通常的做法，回应妈妈的具体行为。

但是不要让学龄前儿童的认知限制打击了家长积极教导同理心的想法。如果你直接通过关心孩子的情绪来示范，教导孩子做错了事情是需要道歉的（在向孩子解释他们的错误时确保对他人的情感或身体伤害产生共鸣），然后在给他们读故事的时候问他们关于故事人物的"假设"性问题，一旦孩子的认知能力跟上来了他们就会有更大的同理心。给孩子读故事书的时候形成问问题的习惯。以经典的儿童读物《晚安月亮》为例，提问"你为什么认为孩子想要对那么多事物说晚安？"可以促进想象他人想法和感受的认知能力。得到的练习越多，同理心越能够自然地形成。问这样的问题提示你的孩子要关注他人的行为以及为什么他人有这样的行为，这是一项重要的能力。

● 特别说明

家长面对学步儿童阻碍同理心发展的认知限制时需要耐心。举个例子，2岁孩子坐在车的后座，指着后座上的某个东西。开车的妈妈从后视镜看不到任何东西。"那是什么？"孩子一直说着没头没脑的话。妈妈终于停下来下车看看到底"那"是什么。结果是一只蜘蛛，妈妈将蜘蛛移出车外后孩子就放松多了。

同理心和小学儿童

基于认知发展和情感容量，小学是教导孩子同理心的黄金年龄段。认知上，小学年龄段儿童可能站在他人立场（身体上或情感上），另外情绪上他们还没有发展出青少年的利己自私。每一天都有无数培养孩子同理心的机会。这里有三则可用的来源。第一，关注你和孩子每天经过的环境。也许会在蔬菜店看到坐轮椅的人。问一个例如"你认为一生坐轮椅最困难的地方是什么？"这样简单的问题。这个问题没有正确答案，但是孩子的所有答案都会让他从他人的角度思考人生。同样的，对于新闻报道也可以问问题，例如新闻里受飓风或洪涝灾害失去家园和财产的受害者。

培养同理心的第二个机会来自于朋友的经历。也许某个好友的爸爸刚刚失去工作，家里没有足够的零用钱给朋友去看电影了。帮助孩子思考他人的难处——或者仅仅是思考如果一个家庭有一个新的宝宝或者妈妈生病了，家庭会发生怎样的变化——将利于同理心的培养。

● 知识普及

人们会犯逻辑错误，也就是归因错误。这会发生在我们将他人"不好的"行为归因为性格（缺点），但是自己有同样"不好的"行为的时候却是因为当下情况的因素。所以别人超你的车就是"混蛋"或者"蠢蛋"，但是你自己超别人车的时候就是因为交通情况太堵塞了而且也没有太多的出口，所以你已经尽全力做到最好了。同理心可以减少这样的逻辑错误，你会想到其他人也会有合理的原因。

　　培养同理心的第三个机会来自于孩子直接接触到需要展现同理心的情境，例如已经答应了约会但发现足球队要聚餐的孩子。你可能会对这句话中的"需要"产生疑问。如果所有人都认为同理心是人与人之间互动所需要的——从爱人、朋友到商场遇见的陌生人——那么人们会收获更多的强有力的关系和面临更少的伤害事件。然而，有些人也许被教育考虑他人的立场是对自己的伤害或剥夺。但是记住，同理心并不要求你的女儿一定要错过足球队的聚餐。但是，假设孩子选择参加聚餐，同理心会包括询问朋友他们能不能改天再约并且向朋友解释为什么跟足球队的聚餐很重要，然后让朋友知道她很想晚点再去。同理心提供给孩子关于他人立场的额外信息，从而她可以利用这些信息选择自己要采取的行为。

青少年阶段的同理心

　　同理心看似在孩子青春期或者青春期行为中消失了。青少年会经历一段特有的利己自私主义，让他们变得十分关注自身。即使是表现最好的，最会社交的青少年也必须经过这一阶段的磨炼。这个阶段中他们会认为其他人一直在盯着他们的一举一动，会造成自我意识和服从。他们必须拥有同样的手机，同样的打扮，参与同样的活动，等等，因为不同有时候就意味着不合群。不幸的是，这种避免不同或者避免做任何事的倾向会导致不必要的关注，就是这个倾向导致了不反抗同龄人的霸凌行为。青春期的孩子有足够的认知能力去理解受害者的感受，但是他们高度的自我关注降低了他们对受害者的情感关心，因为他们大部分的情感能量用在了保护自己不受伤害上。类似的还有他们不会关心（情感上）对家长来说重要的事情——例如打扫房间——出于对自我的关注。

更加成熟以后，大一点的青少年会开始回归到站在他人的立场。他们意识到宇宙不是围绕他们转的，并且因此愿意使用情感资源去支持他人。另外，当一个青少年要离开家去上大学，对父母的同理心有时候会快速发展出来，孩子会思考家长是如何去平衡一份全职工作（上学）和日常琐事（洗衣服、换油、打扫卫生间）以及锻炼和保证充足的睡眠的。

● **特别说明**

试着帮助青少年理解你对于门禁、安全驾驶的想法以及通过问问题引导他们去思考你的立场。例如，对反抗门禁的青春期孩子，你可以简单地问："你觉得我设定门禁的原因有哪些？"相比家长一味地说教，让孩子自己阐述你可能的理由更有效。

育儿模式与同理心

两个基本的育儿模式，权威型和威信型，都对同理心的发展有着影响。权威型的父母倾向于以规则为中心，严厉并且没有废话。家长做出决定，孩子按照家长的想法做或者忍受结果。对于不同的观点和想法没有商量的余地。相反，威信型家长乐于跟孩子商量——商量讨论可以帮助建立同理心。两种模式的育儿都对孩子设定了高期待，但是亲子之间威信型的相处模式更加能够培养出孩子的同理心。

权威型育儿和同理心

权威型育儿模式阻碍了同理心的发展，因为这种模式基本上只在乎一方的立场，那就是任何情况下家长的观点都是最重要的。权威型的父母通常不愿意在规则方面留有讨论的余地，也不愿意双方共同解决问题，并且有时候甚至不允许孩子说出自己的观点。这种模式通常在孩子长大进入童年后期和青少年时期之后会滋生出一种埋怨的情绪。

权威型的家长没有示范同理心，所以在这样的家庭中有一条不成文的规定，那就是谁占有领导权谁的想法才被重视。这会让孩子在自己的人际关系中经历沟通的困难，并且将所有矛盾视为一场"输赢"的争斗，而不是一次获得双赢的机会。

威信型育儿与同理心

对比权威型和威信型育儿对孩子同理心的培养。首先，威信型家长相信谈论的必要性，特别是对于有问题的话题——不论是孩子没有打扫房间还是没有完成家庭作业。相比"按照我说的做就可以了"的方式，威信型家长的孩子体会到了讨论的付出和给予，协商的重要性以及同理心的发展。家长会对孩子有同理心——"我们知道你讨厌打扫房间"——然后期待孩子会反馈以同理心。当家长说"好衣服扔在地上可能会受损，糖果纸和喝过的饮料会招来虫子而且堆积的灰尘会带来过敏问题，另外，一个干净的屋子对我们来说很重要"，孩子更加会倾听和理解家长的角度。类似于这样的解释迫使孩子至少听听不同于自己的观点立场。另外，家长向孩子展现的同理心建立了更加强大的亲子关系，也是可能协商的基础。

看看2岁爱丽的例子。爱丽已经准备好从儿童床转到大床上睡觉了。为了给房间腾出足够的空间，房间里一座沙发必须要搬出去。爱丽的妈妈给孩子展示过她的新床，也解释了为什么要搬走沙发，等等。爱丽对于获得一个属于"大女孩的床"感到很兴奋并且没有任何抗拒这一改变的表现。但是到了搬沙发的那天，正当爱丽爸爸和他的一个朋友把沙发调整到一个适合的角度准备搬出房门的时候，爱丽哭了。很明显出了什么问题，但是爱丽因为啜泣得太厉害了没有办法讲话。爱丽的妈妈让他们停下搬沙发的举动（这并不轻松，因为沙发的一半已经伸出门框外了），然后将爱丽抱在膝盖上轻声地问，"怎么了？是什么让你不开心了？"爱丽哭了几分钟之后，停止了哭泣，说道："妈妈我知道，我们以后读书要去阁楼了。"这就是哭泣的原因。爱丽因为自己的具体推理认为如果移走了沙发她的父母就不会再给她读书了。爱丽热爱读书！爱丽的妈妈现在能够理解孩子为什么不安了，建议他们在房间里找一个新地方读书。爱丽指了指自己全新的布椅子，这里看起来是完美的选择。妈妈抱着爱丽蜷缩在椅子上读书，这时候爸爸跟朋友将沙发搬了出去。

● 问题思考

如果我向孩子展示出同理心，他们会利用我的同理心吗？

这是不太可能发生的，并且只要家长有决断性去设定合理的界限，这也并不重要。威信型父母设定限制，有着高要求，同时也愿意与孩子讨论问题。所以，没有必要担心因为你尝试理解他们的感受和想法，孩子会因此被宠坏。

想想爱丽妈妈向孩子展现同理心的收获。首先，她了解了爱丽不开心的原因并且能够立马解决问题。他们当然还会继续读书！爱丽妈妈当然不希望孩子会因为这一点而担忧。但是，她作为家长还收获了女儿的信任。经过这件事，爱丽学习到了她可以展示自己真实的感受，而且爸爸妈妈是会尝试理解她的。虽然事情并不总能按照她的想法发展，但她的感受和立场并没有被忽略。记住，同理心给了人改变决定或行为的机会，但是并不要求人们要这样做。爱丽的妈妈在停下搬沙发的行动之后收获了宝贵的信息，那就是爱丽对害怕失去读书的地方的担忧。沙发还是会被移走，但那并不是问题。

　　试想如果爱丽的妈妈采用的是权威型育儿模式，将会发生什么。首先，她很可能不会停止搬沙发的举动，而是会告诉爱丽这就是说好的计划并提醒她是知道这个计划的。她很可能不会问爱丽问题，很可能会选择以命令的方式，例如说"不要哭了"。另外，她不会帮助爱丽挑选新的阅读地点因为她无法探知爱丽哭的真正原因，也就不会知道爱丽的担心与读书有关。这个情况可能在那天晚上的睡前读书时间也能得到解决。但与此同时，爱丽的父母就错过了一次示范同理心并缓解女儿合理的压力的黄金机会。

　　同理心会建立理解。对问题更深层次的理解以及对他人想法的了解能够让我们思考问题解决的不同选择。另外，有选择经常带来的是更好的解决方案，并且能够令更多的人感到满意。

第 11 章

社会责任

　　当孩子参与到任何团队中的时候，社会责任就会有所体现（或者缺失）。与他人合作、配合并且思考什么是对他人好的对团队好的，而不仅仅考虑自己，都是社会责任的重要品质。孩子渐渐长大，他们会有更多为行为负责任的机会，例如在学校为同学、在社区为他人甚至是为世界另一头远方的人着想。这项情商能力可以用两个问句概括，那就是"我能做什么帮助他人？"和"我对于团队的责任有哪些？"

什么是社会责任？

你的孩子必须要参与到环境保护、珍稀物种保护或者帮助缓解世界饥荒的大事中才算得上是有社会责任的人吗？虽然这些事情都是社会责任的展现，但是这对大多数孩子的日常生活来说比较遥远。可以帮助孩子观察自己能够为身处的团队做什么贡献。社会责任可以分为两个词："社会"（跟他人一起或者为了他人）和"责任"（表现出关心、尊重和贡献）。因此，家长在孩子2岁的时候就可以开始教导社会责任。2岁孩子能够理解例如帮忙把餐盘从餐桌拿到洗碗池的简单事情。对2岁的孩子来说，"帮忙"或"小帮手"这样的词都是非常有用的。5岁孩子的认知能力提高到可以开始理解更为复杂的概念，例如整个家庭的五位成员一起做一件事情会完成得更快。等孩子再大一些后，他们可以认识到帮助或者合作是可以给自己和团队增添价值的事情。

为什么社会责任是情商的一部分？

首先，社会责任可能更合适应用于行动主义而不是儿童情商。接下来这个例子可以阐明为什么教育孩子社会责任是如此重要的，而不是相反的认为"所有事情都得围绕着我"。妈妈邀请12岁的佩奇一起去教堂给流浪家庭提供晚餐，这些流浪家庭会在每个教堂住一周直到搬到下个教堂之前。主办家庭（教堂成员）自愿为他们准备晚餐并且给流浪家庭儿童提供了玩具。佩奇的妈妈第一次问她要不要一起去的时候——佩奇刚刚开始帮忙照看其他孩子而且她很喜欢小朋友——她的回答是她害怕。"你不担心他们会伤害你吗？"佩奇问她的妈妈。

● **特别说明**

社会责任容易教会孩子的情商能力，因为教育社会责任的机会无处不在。想想所有孩子可以为家庭或者社区做的贡献。即使是一些很小的事情——例如为手上提满了东西的人开门——都是社会责任的展现。

佩奇从哪里学到流浪汉会伤人的？很可能是听别人谈论流浪汉的时候形成的一种偏见。佩奇的妈妈说服了她一起去。在佩奇跟其他孩子们一起玩游戏的时候，佩奇问他们关于学校、运动还有一些其他事情。她很快就意识到，除了没有住在整洁的房子里，没有好看的衣服穿和没有充足的食物外，这些孩子跟自己没有太大的不同。所有家庭的家长都有工作，但是大多数家庭都还是入不敷出。无家可归只是这些家庭因为一连串不幸的事情导致的现状。

在他们回家的路上，佩奇忍不住谈论那些孩子有多可爱和友好，以及他们的家长有多么关心他们。偏见被打破了。她还表达了同情心（"他们没有自己的床，我为他们感到遗憾"）和同理心（"没办法邀请好朋友来自己家或者在家里有一棵属于自己的圣诞树一定让人很难受"）。佩奇接着进一步问妈妈他们什么时候才可以再去当志愿者。短短一个小时里，佩奇已经从对未知的害怕，从偏见，转变到想要帮助他人。这是多么大的转变。高情商的人有能力与各种各样的人打交道，并且理解每个人在社会中的价值。

　　社会责任教会孩子在团队或集体中要有效地参与合作，不论是作为家庭的一员、运动队的一员还是班级的一员。儿童和成年人都很少完全地独立生活。因此，学习如何有技巧地与他人合作并且思考如何帮助团队取得成功是很重要的情商能力，因为这将影响着人际关系和工作结果。

教导社会责任：团队里没有个人

　　"团队里没有个人"，这句话经常被教练或者涉及很多人的团队领导者使用，认为每个成员都应该把团队的利益放在个人利益之上（或者至少是同等的重要）。当今这个充满竞争的社会特别关注看得见摸得着的成果——体育竞技、奖杯或赢得比赛，高分可以进入最好的学校或者获得奖励——社会责任好像与争取这样的"成功"相违背。下面两个例子，一个跟学习有关，一个与体育有关，可以反驳这个观点。

● 知识普及

　　参与过有竞争性和以团队为中心的运动项目的孩子已经跟成年人一样了解了在工作场合中与团队高效合作的重要性，因为他们习惯了与团队其他成员相互依赖，为错误承担责任并且理解了每个人对团队的贡献。

学术成功

假设你的孩子是数学学习之星而且老师想要采取一种同学互助学习的方式。你可能会因为孩子需要花时间帮其他同学学习数学而不是花时间做一些对自己有挑战的新题而拒绝这个活动。毕竟，做提高题才是对他的未来最好的做法。所以，为什么你还应该支持孩子去帮助数学稍弱的同学呢？

让我们更加仔细地审视这个情况。首先，如果你有给别人讲题的经历，你就会知道为了有效地讲明白一道题，一个人必须更好地掌握题目本身。所以，孩子是可以从帮助同龄人学习中获益的。然后还考虑到现在课堂的一个现状。一个课堂里有那么多不同程度的孩子，帮助稍弱的孩子更快地掌握知识点，是对整个班级的学习都有好处的。这会让整个班级的学习进度更快，这对你的孩子也是有好处的。另外，大多数学校对于成绩优异的学生都会设置额外的学术提高方式。

所以家长转变自己的想法是有好处的，从仅仅关注自家孩子到如何帮助整个班级进步进而有助于自己孩子的学习。同时，这也能在其他非学习的方面帮助到你的孩子。想想佩奇对流浪汉的反应。与你并不了解的人打交道是一种积极有力量的学习体验，这毫无疑问会对孩子有好处，帮助他减少偏见，增加关爱，并且能够更好地跟不同类型的人合作——这些态度和能力将会有助于他未来取得成功。

● **特别说明**

研究表明克服对一个人偏见和成见最好的方法就是跟这个人为了一个共同的目标去合作。合作迫使人们要了解对方。

运动成功

假设你的 10 岁孩子是学校的"篮球之星",并且被邀请参加一个俱乐部团队,需要每天练习并且到其他城市去比赛。你的孩子打控球后卫的位置。同一个球队的另一个孩子也是控球后卫,但是没有你的孩子出色。教练还是安排你的孩子 60%,另一个孩子 40% 的上场时间。而且在比赛很接近的时候教练依然是这样的安排,这可能会让球队输掉比赛。另外,教练还安排两个孩子一起练习。所以,相比让你的孩子跟另外一个"球队之星"或者首发队员练习,教练让你的孩子跟一个可能占据他位置的孩子一起练习,这样是不是有点过分了?

同样,再次从一个不同的角度看待问题。首先,假设位置是悬空的,而你的孩子是第二梯队的队员。你会对教练的安排感到很高兴的。你很可能会对你的朋友说孩子的篮球教练是"一位在乎让所有孩子都能参与并且培养他们球技的公平的教练",或者其他类似的形容。教练的做法没有任何改变,但是因为孩子的水平不一样,教练可以从魔鬼变成英雄。也许你现在正挠头,心里想"那这个世界就是这样的,有些人比其他人更有能力,他们就应该得到相应的奖励"。以这个逻辑信条生活的人会导致所谓的"穷人"和"富人"想法,这种情况通常会对所有人造成更严重的矛盾和后果,包括对"富人"来说。(你只需要看看工业国家的犯罪率就能理解犯罪对整个社会的影响。)另外,记住这个问题中的孩子还只有 10 岁。

万一你还是认为教练不应该给两个孩子同等的练习机会,还有第二种方式去看待这个问题。假设你的孩子是球队之星,除非出现愚蠢的错误或者他已经带领球队大比分领先,他都需要上场。不仅如此,在训练中他只跟其他第一梯队的队员练习。

孩子所在的球队已经在地方比赛中获胜，如果他们再赢下两场球赛就能晋级到州立比赛。孩子们赢下了第一场比赛，但是当天晚上你的孩子病倒了。孩子一直呕吐，发烧烧到将近 39℃，而且难受到哭出来。孩子第二天不能上场比赛。所以另一位缺乏比赛经验也没有充足练习机会的控球后卫必须上场。他表现得还不错但是犯下了严重的防守失误，没有得到跟你孩子一样的分，然后球队输掉了比赛。这个候补队员（孩子）已经够难过了，但是无意听到场边家长对他能力的评价就更加难受了。比赛结束后，第一梯队的队员忽视他（毕竟，他们被教练影响认为候补队员不重要）。

● 问题思考

如果孩子是候补队员并且教练没有给予孩子锻炼的机会，家长应该怎么做？

这个问题某种程度上取决于你孩子的年龄，不管教练会因为忽略"大多数"还是其他类似的因素被解雇。但是，家长可以时常对孩子的挫败感展现同理心，并且问孩子他会有怎样不同的做法帮助所有队员进步？将孩子的回答与社会责任挂钩——想想大集体的利益而不是只考虑自己。

所以，不只是一个孩子难受，而是整个球队失去了进击州立比赛的机会。你的儿子在这个情况下明显是失去了一些东西。球队的每个人都是。现在试想如果那个大家都在埋怨的候补控球后卫是你的儿子，你会怎么想。想想这个问题。在赢比赛、尊重和合作的层面来说，哪种"团队"的模式对全队队员更加有意义？我们不能什么都要，不能在自己孩子在第一梯队的时候希望候补队员不受重视，在自己孩子是候补队员的时候又希望所有孩子能够得到合理的锻炼机会。如果你在不同情况下想要的不一样，那么你在无意间教导孩子的是"凡事以我为中心"，这个态度日后显然会拖累他的工作和人际交往。

　　这里有两个值得学习的地方。第一，队里每个成员都有自己的角色和价值，值得受到同等的重视。这不意味着大家的能力水平一样或者上场时间一样。但是他们在教练眼中，在其他队员和家长眼中——被看作是值得尊重并且在自己水平范围内有所贡献的一员，还是因为教练想要表现友好而牺牲了自己孩子上场时间的人？第二，队里的每个队员迟早都会需要上场帮助团队。生病倒下的孩子本可以表现出色赢得冠军。但是，他们错失了冠军因为候补控球后卫没有为比赛做好准备。或者，作为球队一分子的第二梯队队员的努力练习也是对球队的贡献，不只是为了提高自己的球技，也是提供给训练中的第一梯队队员更好的挑战。

教导社会责任：拖延症

　　家长和孩子的一个老大难问题就是拖延症。不管你试过了制定事务表、给每件事情规定好时间、积极影响、惩罚还是任何其他让孩子完成任务的手段，解决拖延症都是很多家庭里的持久战。也许家长需要把完成任务的理由以一种让孩子理解为什么这是必须完成的，以及这是对家庭其他成员的一种尊重的方式表达出来。

可以这样开始。在孩子很小的时候，开始基本的家务例如玩完玩具后收拾玩具，然后在孩子长大后，让他们把自己的脏餐盘拿到厨房洗碗池。相比于关注在结果上——一张干净的餐桌——关注你的孩子为什么会想要帮忙。跟13岁孩子的对话可以这样展开。

爸爸：你需要现在捡起你的玩具。

儿子：不，我不想。

爸爸：我知道。整理玩具不像玩玩具一样有趣。（注意到同理心。）

儿子：（很多孩子可能不会说任何话因为他们习惯了家长只会重复命令。）

爸爸：这是为什么我和妈妈想要你整理的原因。我们都是家庭的一分子。所以，每个人都要帮忙完成家里的任务。这是我们对互相的尊重。

儿子：好吧。

爸爸：而且，如果你自己整理干净了，那意味着妈妈和我会有更多的时间跟你一起玩一起读书。

儿子：好吧。

爸爸：所以我需要你把玩具整理到一边。如果你需要帮助让我知道。

这段对话强调了，在一个团队中（这个例子里是家庭），所有团队成员需要尽自己所能有所贡献，因为这会帮助到团队的所有成员，包括你自己。更多的亲子相处时间和更少的矛盾争吵对家里所有人都有好处。

当你提出（或者要求）孩子为家庭做些事的时候，将语言描述成这样做如何有助于所有人，包括孩子自己。孩子抗拒做家务并不奇怪——因为这并不有趣——如果唯一可以给他们的理由是"你要这样做因为我这样说了"或者"你要这样做因为我需要地上保持干净"，甚至说"你要这样做因为我们都要做家务"，还是错失了思考集体利益的社会责任的本质。

● 问题思考

孩子做家务奖励零花钱会减少对社会责任的教育吗?

是的。所有孩子都应该完成不需要奖励零花钱的家务活；作为家庭的一分子，他们被期待完成家务，对这个集体做出贡献。除此之外，如果一个孩子想要通过额外的家务活赚零花钱，可以给他们！他们是在展现主动性，很可能能节省你的时间。

如果孩子在学习社会责任，他们最终会开始不用你开口要求主动帮助你做事或者帮助整个家庭。例如，10岁的孩子可以把妹妹的餐盘放进洗碗机，或者12岁的孩子会自愿整理自己的衣橱，把妹妹想要的衣服拿出来。到了青春期，具有高社会责任的孩子会开始学到人际关系中需要的相互关系，这是社会责任的另一个方面。如果一个青少年想要借用家长的车，也不用付油费，那么他正从家庭这个集体中获利。他可能，反过来，愿意在父母出去"约会"的晚上照看自己的小妹妹（不需要零花钱）。相比建立在一个交易关系上，孩子的行动会出自对如果大家都做出贡献大家都会获益的认知。

教导社会责任：社区精神

孩子必须参与到社区服务才能培养出社会责任吗？

学会关心他人，那些你不这样做可能并不会有交集的人，肯定能精进你的社会责任能力。但这不是要你一定要每周六花 5 个小时去清理当地的高速路。

配合，帮助

有些最简单的社会责任体现在配合他人的请求。假设你孩子的老师需要一位志愿者在晚点休息时间留下来为某个活动做准备。志愿帮助就是社会责任的体现。确实，孩子可能会放弃一些他更喜欢的事情，但是学习帮助他人完成目标也是有回报的事情。

当你跟孩子在外面公共场所，你会有大量机会教育孩子的社会责任。可能在一个商场停车场发现一位年轻妈妈有困难，2 岁的孩子不愿意拉着她的手，好几个袋子又堆在儿童推车上。你可以通过帮助这位年轻的妈妈向孩子示范社会责任。

● 知识普及

心理学上有一个经过验证的概念叫"旁观者效应"，说的是当需要帮助的人旁边有多个人的时候（确信有人会帮忙的），和害怕卷入事情的时候（太耗时，可能会被要求更多），人们更不会去提供帮助。

到了商场里，你可能会看到一位匆忙的员工正努力整理被其他顾客乱扔的成堆的上衣和裤子。告诉你的孩子要折好衣服并且放回原位（或者其他店里希望顾客试完衣服之后做的事情）来表现配合。你们进到另一家店，注意到一位爸爸和 5 岁的孩子看起来很匆忙。这个孩子不小心撞到了一个柜台，50 块手表散落在地上。恼火的爸爸愣住了，你上前帮助他捡起散落的手表。这个爸爸向你表示感谢，并且说明他们刚刚很匆忙是要赶去一场等了很久的生日会，他们要迟到了因为孩子早上生病了。在两个孩子的帮助下，很快收拾好了所有的手表。

● 要点提示

　　因为孩子会模仿电视人物，所以家长管理孩子的电视节目是很重要的。如果他们看的节目中积极教育或者示范了社会责任，有时候也被称为亲社会行为，那么孩子的社会责任很可能会提高。但是，他们也可能从电视节目中学到一些社会责任缺失的行为。

　　为什么没有更多的人停下来提供帮助？自私可能是其中一个原因：你认为你的时间或者你下面要做的事情是比其他人更加重要的。或者，因为不是你引起的问题，你没有义务去帮助解决。如果这是你展示给孩子看到的，这就是他们会学到的。并且他们不仅不能够停下脚步帮助他人，他们还可能会对自己引起的麻烦不管不顾，因为相信自己的时间和安排比其他人的要重要得多，或者觉得有人拿着薪水做事情会去清理，所以他们不需要停下自己的事情。同样，角色对换一下。如果你和你的孩子是需要帮助的人，你希望其他人如何对你们？
　　想想这种更加以自我为中心的世界观到了孩子进入大学或者工作后

会发生什么。孩子可能极其不擅长团队合作因为他不会回复邮件（因为他很忙更喜欢发短信，并且觉得其他人应该接受），没有时间跟团队见面，不会分享自己的工作（他认为自己的课业更重，所以他不做他的份额的事情也是可以的），或者不能很好地跟团队其他成员协商因为他想以自己的方式做事情。这样的孩子成年后会突然变得在工作场合或者婚姻关系中擅长合作配合他人吗？现在的老板都表明团队合作是大学毕业生应该具备的最重要的能力之一，但是很多毕业生还是缺乏这个能力。另外，大部分配偶都不会接受自己完成所有家庭事务而另一半几乎什么都不做。欠缺发展的团队合作能力是有后果的！

付出和自愿

为他人付出时间或者所有物是社会责任发展的一个重要部分。教导孩子付出有很多种不同的方式和不同的时间段。在年底11月、12月的节假日，有很多轻松的方式。困难家庭孩子的姓名和他们在圣诞节和光明节想要什么是很容易找到的。让孩子捐出自己零花钱的10%到20%给想要一件厚外套的孩子买一份礼物。或者，打电话给当地的社会服务中心，了解你是否能给有需要的家庭准备一次晚饭或者帮他们购买生活用品。让孩子参与到晚饭制作和用品购买之中。或者，把孩子带到当地餐厅给流浪汉在大冷天提供热汤。这些活动都不需要占用很多时间，但是都能够教育孩子如何成为社区中的一位善于合作配合的成员。

● 特别说明

让孩子每年一次整理衣柜和玩具区，把自己的旧衣服和玩具送到当地的慈善商店是一个简单的教育孩子社会责任的方式。送东西去的时候带上孩子并向孩子解释他们捐赠的物品会发挥怎样的作用。

有些形式的社区服务，例如为居民中心建立庇护所，是可以衡量你的贡献的影响的。其他形式，例如帮助打扫可能马上又会被弄脏的街道，可能更难衡量。但是，当司机们看到有人在清扫地上的垃圾，这会阻止他们乱扔垃圾的行为。另外，一条整洁的街道通向社区会给社区的人们带来自豪感（好的一种）和共享责任的意识，能够帮助社区保持活力成为一个有吸引力的居住环境。作为家长，跟孩子谈论付出和服务的好处是很重要的。

● 要点提示

发展更全面的同理心让孩子能够更容易理解他们帮助或者服务对象的立场和情感。没有同理心，参加社会活动可能变成一件毫无激情和满足感的事情，也学不到什么。孩子可能会完成付出和服务的行为但是并不能从中有所收获。

俱乐部和组织，学校要求

参加服务活动或社区活动的儿童和青少年会从多个方面有所收获。首先，他们会收获帮助他人的满足感并通常能够看见自己劳动的好处（例如，完工的庇护所，护士站老人们的微笑）。另外，他们通常会看到一些例如流浪汉从来没有思考过的问题。这样的参与拓宽了孩子的见识，就像佩奇去教堂拜访流浪家庭的收获一样。然后孩子们学会了批判性思维（不是批评性，而是更加系统和全面的思维）。对于所有关于流浪汉的问题，意识到不能简单地把无家可归的人们归为懒惰或者衣来伸手的人。这样批判性逻辑的提升是为什么过半的美国公立高中要求或提供给学生社区服务机会的原因：认知发展的提升与社会责任的提升同样有益。

第 12 章

现实判断

　　与其他情商能力相比，现实判断能力的缺失可能会对个人造成一些严重的后果。为什么？如果一个孩子不知道扫描环境中有用的信息，或者误读信息而不够重视或反应过度，后果可能是不堪设想的。现实判断这个概念大家可能从来没听过，但是教育孩子学会现实判断对短期和长远成功都是至关重要的。

什么是现实判断？

现实判断包含两套不同的能力。第一，孩子需要对环境信息保持好奇和主动，而不是消极被动。例如，一次科学作业中，4 年级的孩子得到了平平的成绩，如果孩子之前有足够的好奇心去阅读老师对于等级评分的备注或者向老师询问更多反馈，那可能会做得更好。但是大多数情况下，孩子和家长都只会关注在成绩上，而忽略了能够对长远学习有贡献的关键信息。

现实判断的第二个要素是调节对收集到的信息的反应，既不能过度反应也不能不予以重视。回到科学作业的例子。假设老师建议说交上去的作业需要组织好架构并且需要明确提出成果和发现。对这一信息的过度反应可以是：不知道怎么做哭起来，抱怨老师的评分不公平或者指示不清晰，或者孩子觉得科学不是自己的长项。所有这些反应都是过度反应。4 年级的孩子还没有很多实验项目活动的经验，所以这样的作业最好能成为一次让孩子学习新能力和反馈的机会，成为帮助他们以后学习的工具。对反馈的过度反应，可能就是我们听过的"小题大做"。

对反馈不够重视也是有危害的。假设孩子把老师的反馈搁置下来认为是老师过度或者不公平的批评，然后拒绝了一次与老师面谈的机会。有时候，忽略反馈的表现形式可能是"那个老师不喜欢我"，把责任转移到老师身上。不予重视通常的表现形式是否定（例如，她真的没有给我任何有用的反馈），否定重要性（例如，科学作业很少，所以不需要担心），或者责怪他人（例如，另一个老师会给我更高的分数，所以我不需要努力进步）。对反馈不够重视就看不到问题本身，所以问题很有可能会再次出现；孩子在其他作业项目上也会碰到组织架构或者用清晰简洁的方式展示成果引发的问题。

● **知识普及**

控制点这个概念可以解释什么时候孩子倾向于为自己的行为负责——"成果"及"失败"——或者孩子会找一些外部因素例如其他人、运气不好或者老师特别严厉。教导孩子承担责任将会帮助他更好地进行现实判断。

为什么现实判断很重要？

现实判断的能力让孩子可以在各种情形中游刃有余，以一定的反应程度应对问题。家长不可能替孩子处理未来会遇到的所有问题，但是可以教会孩子保持对信息的好奇然后调节自己的反应。好奇心会帮助孩子提出正确的问题、探寻已经存在的或者需要仔细思考的重要信息，而调节能让孩子以合适的强度或者最好的行为选择去做出反应，既不会过度反应也不会忽略问题。

举个例子，假设 5 岁孩子在当地的游泳俱乐部游泳，想从高高的跳水台上往下跳。孩子并不喜欢很高的地方，但是他的朋友们都跳了。问朋友"那个高度很吓人吗？"的孩子就是在获取能够帮助自己做决定的信息。假设朋友回答说"很可怕，在上面看起来要高多了"。现在孩子要做出决定如何使用这条信息。是会忽视它，不予以重视然后告诉自己不害怕（即使他已经很害怕了否则他已经上去跳水了！），还是会过度反应决定他永远不会从高处往下跳？一个调节适度的反应应该是从一个低一点的跳板开始尝试，然后慢慢尝试高跳板。另一个调节反应的回应可以是让家长站在梯子下面。或者还有一种回应是再等一个月看看自己的害怕会不会有所减少。

在最基本的层面上，现实判断是一个关于安全的问题。小时候家长会保护孩子不受外界伤害，在孩子逐渐独立的过程中，很多时候家长是不在身边的。假设孩子去另一个孩子家里玩，你作为家长不知道那个小朋友的爸爸有一套收集的枪支，孩子的朋友想要给你儿子展示爸爸的枪，这时你就能理解了。你会希望孩子问问自己"这是很危险的吗？"并且根据现实判断做出合适的反应。

看看接下来这个真实的故事。一个闷热的夏天，一群 7 岁孩子在外面玩耍。其中两个孩子跑进屋子拿一些冰块。在他们拿到冰块往外跑的时候，有一个孩子建议从屋顶朝其他朋友扔冰块。他们这样做了，然后一个孩子的眼角被冰块砸伤了，缝了 5 针。他们很幸运，冰块没有砸到孩子的眼球。虽然这个行为也包含了关于冲动控制的问题，优秀的现实判断能力本可以阻止扔冰块的行为，因为他们会问问自己，"这样做是好的吗？"，然后想想可能的后果。但是他们没有足够的"好奇心"或者意愿去接受信息。另外，冲动导致他们做出了一个很不合理的决定，这就是为什么冲动控制是情商中做决定范围的一部分。

看看另一个案例。如果你9岁的孩子在回家的校车上不断被欺负，无效的现实判断就是孩子如果认为这个情况自己会停止或者霸凌不会伤害到自己。但是，很多孩子都决定不告诉家长关于霸凌的事情，部分原因就是因为缺乏现实判断，还有部分原因是因为他们的自我尊重已经被霸凌行为破坏了。又或者，孩子不告诉家长是因为他们没有意识到家长有重要的信息教导他们如何制止这个情况（"好奇心"的因素）。家长与学校有效配合可以制止霸凌行为，因此孩子如果对霸凌不予以重视就会做出一个（对自己）有伤害的决定。

育儿模式与现实判断能力

回到育儿模式——家长的模式将会有部分决定了孩子是否能培养出良好的现实判断能力。还记得权威型父母会要求孩子时刻服从并且通常不愿意给予孩子解释或者讨论的机会吗？相反，威信型父母会愿意向孩子解释，提问甚至与孩子讨论其他选择。以讨论为中心的行为会培养较好的逻辑推理能力，因为孩子获得了大量的锻炼机会并且家长持续展示如何运用逻辑推理解决问题。

看看下面这个例子中权威型家长和威信型家长的不同回答。秋天里，8岁的山姆意外地收到了同学周六生日会的邀请。山姆家里已经计划要去附近爬山。山姆开始求他的爸爸妈妈让他去生日会，并且在活动结束后跟一个朋友回朋友家直到父母和姐姐们（一个10岁一个12岁）爬山回来。这个情况下，权威型父母和孩子的对话可能是这样的：

山姆：妈妈，我可以去马特的生日会吗？

妈妈：如果是周六，不行，你不能去。你知道我们说好了要去爬山的。

山姆：但是我不想去爬山，我想去参加派对。

妈妈：你不能去参加派对，这是一次家庭游。

山姆：但是我们已经有了很多家庭游了。这一次我不能不参加吗？

妈妈：不行，不要再问了，我是不会改变主意的。你要跟我们一起去爬山。

虽然山姆的妈妈参与了对话，她从来没有给山姆一个理由，除了说这是一次家庭游并且山姆需要参加。

现在，看看同样的情况下，威信型父母会怎么做。

山姆：妈妈，我可以去马特的生日会吗？

妈妈：生日会在什么时候？

山姆：周六下午。

妈妈：周六我们家要去爬山呀。

山姆：我更想去生日会。

妈妈：告诉妈妈为什么生日会对你来说那么重要。（妈妈在展示同理心，问孩子问题尝试理解他的角度。）

山姆：所有朋友都被邀请了而且我们会去玩激光游戏！我不想错过这个游戏。

妈妈：听起来很有趣。那你错过了爬山你会有什么感觉？你和爸爸已经讨论过要从石头上跳进溪水里。

山姆：我知道，但是我真的想去参加生日会。我们可不可以周日下午去爬山？

妈妈：让我来问问爸爸看看他周日有没有安排。我也要跟你姐姐商量下看能不能改到周日。

山姆：如果他们不能改天，我还可以去参加生日会吗？

妈妈：我们先问问你爸爸和姐姐们然后再讨论。

山姆：好的。

这里有一个决定要做。山姆去不去参加生日会？你可能会认为这是父母而不是山姆要做的决定。即便你是这样想的，如果家长只是简单地回答"不行"，你会错失一次教育孩子现实判断的好机会。首先，你会错过教导山姆在做出决定前收集重要和相关信息的机会。做出明智决定的一部分是思考你将需要哪些类型的信息（又关乎好奇心）。其次，如果一个人不去寻求信息那就没有机会去权衡判断收集的信息。现实判断的第二部分是衡量信息并合理地回应，既不过度也不忽略回应。如果家长只是简单地拒绝孩子的要求，孩子会错过衡量一件事情的好处和坏处，考虑不同因素并权衡每个因素的重要性，以及学习其他逻辑推理能力的机会。

你有示范有效的现实判断吗?

让你的孩子听到你们讨论一个决定的好处和坏处,或者听到你在做决定之前讨论附加信息。帮助孩子理解思考全面和探索信息的重要性。

上面对话中那位威信型妈妈做了以下几件事情来鼓励孩子培养现实判断的能力。首先,这位妈妈提供给了孩子一些他本来没有考虑到的信息——家庭爬山的形成——因为孩子兴奋于想要参加生日派对。这对8岁的孩子来说是很平常的表现。获得了家庭游的信息之后,山姆仍然将生日派对"排序优先于"去爬山。然后妈妈做了第二件帮助孩子建立现实判断的事情——她让孩子解释为什么那个派对那么重要。从孩子的回答可以知道很显然玩激光游戏比爬山更重要。

但是,对话不应该结束在这里。然后山姆的妈妈又提供了另一条附加信息,提醒山姆他的爸爸计划好了要跟他一起从石头上往溪水跳。这条新信息帮助山姆意识到他确实是想去爬山的。这引起了山姆的好奇心——去问下一个可以给他提供更多信息的问题——可以周日去爬山吗?山姆和妈妈同意去收集这条信息。

山姆带来反馈说姐姐们可以改到周日去爬山,但是爸爸周日已经有了一场打高尔夫球的邀约。山姆问爸爸他可不可以把打高尔夫球邀约改到周六。不行,因为爸爸已经试过了把打高尔夫球安排在周六但是周六找不到任何人;这也是他们把爬山安排在周六,打高尔夫球安排在周日的原因。现在山姆有更多信息需要权衡。教导他去思考所有的信息并且通过讨论的形式(而不是立刻告诉他不可以去参加生日会)会帮助山姆建立现实判断能力。另外，经过讨论，山姆可能分享出一些额外信息例如为什么生日会那么重要。也许他一直在尝试与马特成为好朋友并且这次收到了邀约说明他成功了。但是，如果讨论是简短直接的，山姆的家长就不会考虑到这么多信息，孩子也不会了。对于这个两难的情况以及很多其他人生面临的选择都是没有一个"正确"答案的。根据每个家庭的优先排序和讨论中出现的信息不同，答案会有所不同。

纪律技巧和现实判断

两种常用的纪律技巧——自然结果和逻辑结果——会帮助促进孩子的现实判断能力的提高。自然结果自然出现于因果关系情况中，不需要任何家长的介入。举个例子，不吃晚饭的结果是会饿。孩子前一天晚上玩得太晚不睡觉第二天会感到很累。不做家庭作业会导致更差的成绩。发脾气的时候把一个玩具扔到地上结果玩具坏掉了。把外套落在学校可能意味着孩子在回家的校车上会冷。除非涉及健康或安全的问题，不要保护孩子不受到任何自然结果。例如，为了教育孩子交通安全，让孩子在街上乱跑是很愚蠢的。但是，让他们饿着、冷着或者累着是不会伤害他们的健康或安全的，这种时候通常他们会学到更多学得更快！

逻辑结果指的是家长必须介入的情况，但是纪律技巧针对孩子的不良表现。例如，假设孩子在放学回家后应该立刻去遛家里的小狗。他忘记了这件事然后小狗在家里小便了。猜猜谁会来收拾残局呢？如果你想教会孩子现实判断，应该让孩子清理到你满意为止。在你监督孩子清理的时候，保持中立，不要带有责罚的意味，例如说"我告诉过你了"。家长对由于不良表现导致的逻辑后果上坚持原则对孩子来说是宝贵的一课。孩子不能仅仅因为麻烦而不关注，忽略一些"事实"或者信息。忽略小狗正在抬脚小便带来了一些逻辑后果。拒绝清理地板的3岁孩子被家长没收了玩具意味着接下来三天他都不能玩最爱的玩具了。

一般而言，建立在理由和讨论上的纪律技巧比收回关爱或者施加身体惩罚的管教要有效得多。为什么？因为基于逻辑理由的技巧会帮助孩子认识到自己的错误并且关注在当下的情况而不是惩罚本身。

在使用自然和逻辑结果时应该允许多大的讨论空间？留有大量讨论空间！解释造成特定结果（积极的、消极的、中立的）行为，并且孩子在采取某项行动时需要保持警觉，向自己提问，这也是现实判断的好奇心部分。例如"如果不做家庭作业会发生什么？"的问题会帮助孩子面对现实而不是假装问题不重要或者甚至当作问题不存在。

跟孩子讨论第一天就花光了所有零花钱的后果，然后让孩子亲身体验下这样做的后果！在一周的后面几天当他问你要零花钱买东西的时候，温柔地提醒孩子他之前的做法和决定，以及现在他需要承受决定的后果。如果这次你帮了孩子，这是很多家长都很容易做的，你是拒绝了让他判断现实的机会。

看看3岁的怀亚特的例子。他的父母一直努力了很久想要孩子但是一直没能如愿。在他们快40岁的时候收养了怀亚特，终于成为父母，高兴极了。他们把怀亚特送进了一所大学运营的很高质量的儿童日托中心，夫妻俩都是大学教授。一天夫妻俩要求跟中心领导（也是一名教授）

和中心一位教学助理见面。怀亚特的父母正极度焦虑。尽管中心的报告显示孩子在中午没有丝毫抱怨地吃各种准备好的食物，但是每天晚上回家孩子都拒绝吃晚饭并且要求吃汉堡包。每天晚饭家长都要宣告他们不会妥协，家庭中持续着这种对抗。

● **要点提示**

　　避免帮助孩子是很困难的。所以，把你会倾向于帮助孩子的情况列出来（家庭作业、零花钱、睡觉时间、整理房间），然后列下来不可以做些什么来避免拯救孩子。这会增加孩子从错误中学习的机会，而不是每次都指望家长来纠正错误。

　　如果怀亚特的父母让孩子照常接受了不吃晚饭会饿的自然结果，孩子本是会乖乖吃晚饭的。但是每天晚上睡前，父母都屈服于孩子哭闹着要吃汉堡包的行为，有时候甚至冲去便利店买汉堡包！他们知道这不是最佳做法但是需要确认放任孩子不吃晚饭几个晚上是不会对他身体造成伤害的。那天晚饭，家长向孩子解释如果他不吃晚饭，晚上会饿而且他们不会给他吃任何其他东西。但是，这样的话他们已经说了太多次了而且从来没让孩子真的饿肚子。两位家长今天发誓，今晚一定不会再心软了。

　　跟往常一样，怀亚特那天没有吃晚餐。到了8点左右，他开始饿得哭。孩子哭了两个小时，多半是因为生气而不是因为肚子饿（他的父母改变了规则！）。妈妈受不了压力必须要离开房子。10点过一会儿的时候，孩子不哭睡着了。第二天早上他醒来吃了一大顿早餐。第二天晚上他还是不吃晚餐，这次哭了大概45分钟。一开始时因为他很饿。早上起来孩子很饿，早餐又狼吞虎咽地吃了很多。到了第三天晚上，怀亚特吃了大概一半的晚餐。睡觉之前，他想要吃东西，然后父母温柔地提醒他没有吃完的晚饭（所有食物都是他在日托中心爱吃的），如果他不吃晚饭是会饿的。到了第四天晚上，从那以后，怀亚特就乖乖吃晚饭，没有抱怨没有吵着要吃汉堡包。真的饿到给孩子现实判断的强烈一击！

教育现实判断的其他策略

威信型育儿模式、逻辑和自然结果作为纪律技巧的使用之所以能奏效是因为两者有一个共同的策略，那就是基于事实和其他相关信息之上的讨论。这些技巧也能教会孩子去更加全面大范围地思考自己的行为以及他们可能需要考虑但还没有想到的因素。

儿童游戏

有些儿童游戏会涉及带来后果的决定制定。如果你在一件物品上花费过多，那么你可能会经历破产从而输掉游戏。如果你选择了一间错误的房间进入，那么其他人可能会先于你解开案件。如果你接管了一个有问题的国家或者把你的船队带领到了某个危险的地方，你可能会输掉一场战争或比赛。在一个受欢迎的棋牌游戏中，孩子对上大学、养育孩子、工作职业和一整套模仿成人现实世界的事情做决定。并且他们会经历选择的后果（有些是积极的，有些是消极的）。玩需要做决定并且有后果的游戏是一种很好的讨论现实判断的方式。

● 特别说明

更小的孩子在这些游戏中可能会"作弊"，因为他们想要赢。如果找到方法让孩子能基于现实赢得游戏更好——做出了好的决定，采用了明智的技巧，等等。所以，在学龄前孩子作弊的时候不要视而不见，原因有两个——教导孩子一种价值观（诚实）并且帮助他体验现实（有时候你会输，好的策略会带来好的结果，等等）。

电视节目和书籍

谈论电视或者书本里的人物是另一种策略。如果一个人物没有收集信息就匆忙进入某种情况，问问你的孩子这个人物本来应该问自己哪些问题。同样，找找某个人过度反应或者不够重视信息的例子。例如那个因为跟朋友吵了一架就过度反应认为"没有人会喜欢我"的人。家长还可以教导孩子问问题（在你翻到下一页或者广告结束之前）"超前思考""你觉得接下来会发生什么？"，这种类型的问题会帮助孩子锻炼将某个行为与其他行为或者与可能的结果联系起来，这都会促进孩子进行现实判断。

事件

家长可以利用发生在别人身上的事件作为现实判断的基础。在五级飓风引发的强制撤离警报下，还有人拒绝离开自己家就是不够重视信息。

认为"坏事不会发生在我身上"或者"情况不会像他们预测的那样糟糕"的想法会导致很多误判，甚至是致命的后果。

● 知识普及

学龄前儿童在他们的逻辑思维中倾向于具体，有时候会因为两个事情同时发生而认为两者之间存在因果关系。举个例子，一个4岁的孩子可能因为小弟弟死于婴儿猝死综合征而害怕上床，因为"床会导致死亡"。所以，家长要意识到孩子会倾向于创造一些不存在的因果关系。家长需要向孩子展示与事件相反的具体的例子来克服错误的逻辑思维。

后果较少的事件也可以被用来教导现实判断。如果你的4岁孩子拒绝跟受邀请来玩的孩子分享玩具，朋友可能会哭或者想要早点回家。7岁的孩子把自行车忘在了马路边，没有推进车库里，车子会在大暴雨后被泥土覆盖。家长越多地去指出决定与后果之间的联系，孩子越多地会发展出现实判断的能力。

第 13 章

问题解决

即使是小婴儿也需要并展示问题解决的能力！假设 5 个月大的孩子不会爬，而玩具在他拿不到的地方，但玩具就躺在一张毛毯的边缘处，孩子是够得着毯子的。所以，他可以抓住毯子拉毯子。或者，他可以开始哭叫并期待家长能理解他想要什么。后者总结出了问题解决中一个重要部分——情绪。好的问题解决能够说明情绪正对你产生怎样的影响，然后帮助你平衡情绪而不是让情绪拖累你。

什么是问题解决？

　　问题解决是包括多个步骤的过程。大多数专家将这个过程分解为 6 至 7 个步骤，从认识到问题的存在的能力开始。然后，你必须准确地定义问题，这可能比看起来要难。为什么？因为你受到情绪的影响，这会遮蔽你的思考！一旦准确地定义了问题处理了情绪，就需要寻找能够帮助找到更好解决方法的信息。下一步就是对可能的方案进行头脑风暴（发现）。发现了解决办法之后，对所有办法进行评估，然后选择下一步要选择实施的方案。最后，评估实施方案的效果是必要的。如果没有最后这个步骤，那么一项无效的方案可能会永远被保留。如果第一个方案没有发挥作用，那么更好的做法是回头尝试一种不同的解决方案。

● 要点提示

　　问题是否消失了，是衡量你是否有效地解决了问题的最好的指标之一。如果问题仍然存在，那么你需要思考另一种不同的解决办法或者在实施你的方案上做出调整。

为什么问题解决很重要？

没有很好的问题解决能力，你能想象可以获得满意的人生吗？不管在什么年龄，大多数人每天都要面对多种问题。幸运的是，很多问题很小，在解决方案实施以前基本上不需要经过大脑。但是另一些问题可能造成大量严重的后果，而且缺乏一个有效的建立在逻辑上有步骤的过程，通常会导致无效的结果。

问题解决还有另一个好处。现实判断和问题解决都有利于教导孩子提高逻辑能力，这项能力将会在学校、工作和人际关系中都对他们有所帮助。

● 特别说明

有效的问题解决的标志之一是找寻解决方案的过程中影响到他人。因此，如果你想要为孩子解决问题不需要孩子的付出，他可能对解决问题不够投入。

另一个教导孩子提高问题解决能力的好处是它要求孩子更关注自身的情绪以及情绪在当下是如何影响自己的。孩子拥有更多的情绪自我察觉能力，就能更好地处理生活中的大多数问题。

问题解决的最后一个好处就是家长可以利用它教导孩子协商的艺术，以及如何寻求"双赢"而不是"输赢"的解决方案。

详细剖析问题解决

假设你的 6 岁女儿吃饭时很不听话。你可以尝试各种技巧，包括让她体验饥饿的自然结果。或许你更倾向于利用这次机会进行一次不同类型的学习体验，所以邀请孩子与你一同解决问题。接下来的事情可能是这样的。

认识到存在的问题

你知道有问题存在——孩子对高营养的食物摄入不足——但是你如何能让一个 6 岁的孩子认识到这个问题？让孩子认识到这是一个问题是达成好的解决方案的一个关键。对不同的孩子使用不同的策略，但是有一个方案也许是家长都需要的。向孩子解释她的身体需要一定量的健康食物才能健康成长。所以，如果她想像妈妈一样高，像姐姐一样身体好，或者成为一位更好的舞蹈家（这里用你的孩子在乎的事情填空），那么她必须要吃健康食物。又或者，可以简单制定一条家庭规则，所有人都要从每个食物种类中吃一定量的食物，包括家长！如果孩子不这样做就是违反了一项家庭协议或者规则。不论你使用哪种方法，孩子需要认识并且同意挑食是一个问题。

理解包含的情绪

关于食物的话题，家长和孩子都会经历强烈的情绪。例如，孩子越挑食，家长的沮丧情绪会越来越大。然后孩子可能也会越来越沮丧，特别是被强迫吃她不喜欢的食物时。很快，家长和孩子都会生气甚至矛盾会升级。在经历问题解决的几个步骤阶段时，时刻保持关注自己的情绪是如何引导你的思维以及孩子的情绪是如何影响她的思维，这是很重要的。如果你担心她的挑食会影响她舞蹈的进步，认识到这个情绪是很重要的，否则你的焦虑会把你引导到不同的解决方案。这可能会加剧问题而不是解决问题。

告诉孩子同样要保持关注自己的情绪。也许在你强迫她吃完碗里的食物时她会生气。你态度更加强硬，她会更加生气。或者，你尝试的没有孩子参与的方案越多，她会更加坚定地拒绝吃饭。你会陷入一个恶性循环，而问题也得不到解决。

如果你这样想，"我是家长，我知道什么是对孩子最好的，那为什么我还要跟孩子商量"，设想下这个做法的含义。除非你想直接把食物塞到孩子嘴里，你很可能需要设定对挑食的惩罚或者对不挑食的奖励。如果你采用惩罚的方式，情绪会迅速升级，结果所有人都会生气、沮丧或者可能情感上会受伤。如果你采用奖励的方式，为了让孩子吃下她不喜欢的食物，你需要让奖励足够大。在还有其他更实际且有效的解决方案的时候，这样的做法可能要求更多。

另外，如果孩子的食谱很有限，让她每天挨饿并不是一个好的选择。所以，你需要检验什么对你来说是最重要的——让孩子吃得更好还是管控她的行为。家长最好采用一种考虑到情绪的解决方式，并且在让孩子吃健康食物的同时，发挥出家长的育儿智慧和引导作用。

假设我的另一半认为施展家长的权威是更重要的，而我认为教导孩子好的问题解决能力更加重要，我们可以一起做什么？

育儿观点上的分歧是夫妻争论的两大原因之一（另一大原因是金钱）。不要在孩子面前贬低或者削弱另一半的形象是很重要的。寻找协商办法，例如让孩子参与共同解决问题，然后认同破坏统一方案要承担的后果。

看下这个例子。梅雷迪斯的妈妈给每周的每一天都制定一套菜单。周一早上是炒蛋和培根。梅雷迪斯从一两岁开始就讨厌吃鸡蛋。但是每个周一早上，她都被强迫摄入一定量的鸡蛋（通常是捏住鼻子，不咀嚼，用一大口牛奶把鸡蛋吞下去）。妈妈觉得梅雷迪斯长大会喜欢吃鸡蛋或者至少能够接受鸡蛋。还有很多食物是她不喜欢的，每次在餐桌上碰到那些食物情况也是一样的。孩子会哭闹会恳求，每个人都不开心。

梅雷迪斯3年级念完的时候，她提出要跟朋友一起去参加一次为期两周的夏令营。她去了。不幸的是，夏令营里提供的很多食物她都不喜欢。参加夏令营的规定是在离开餐桌之前每样食物都必须至少吃一口。梅雷迪斯每天早餐就吃吐司，两片培根和一口鸡蛋，晚餐也吃得差不多的量，这让她在短短两周内瘦了10磅。孩子用午饭的三明治和每天下午一块糖熬过了第一周，孩子按规定每样食物都吃一口就能被允许吃块糖。梅雷迪斯的妈妈看到她瘦了这么多很震惊。妈妈认识到这次挑食对抗的强大。

梅雷迪斯宁愿挨饿两个星期也不愿意吃她不喜欢的食物。妈妈坚持让梅雷迪斯吃不喜欢的食物还有一部分原因是觉得她太固执，这会让妈妈生气，影响了她采用有效的问题解决的能力。结果，问题还是没有解决，还造成了很多本可以避免的争吵和眼泪。所以，家长在解决问题或者帮助孩子解决问题的时候，很重要的一点是家长必须意识到情绪，包括家长自己的情绪，以及情绪对行为的影响。如果你的目的是施展家长的权威，强迫孩子做某件事或者赢得跟孩子的争论，你就得不到问题解决能力和良好的亲子关系——这也是为什么问题解决能力是一项重要的情商能力的部分原因！

● 要点提示

　　家长很容易陷入跟孩子的对抗，然后忘了什么才是最重要的。这就是为什么理解自己情绪对当下问题的影响是如此重要。

准确地发现问题

　　回到梅雷迪斯挑食的例子。梅雷迪斯的妈妈已经把问题判断为女儿摄入的健康食物不够。但是，孩子挑食背后的原因需要进一步探索。可能有很多因素导致这个问题，包括放学后吃了很多零食，吃饭之前吃零食，孩子真的不喜欢准备好的食物，或者她一坐下来吃饭就先喝一大瓶牛奶。另外，如果她不好好吃饭，只要等着就还能够吃到自己喜欢的其他食物的话，那孩子就有了抵抗好好吃饭的理由（还记得第 12 章里怀亚特的例子吗？）。

　　所以，一开始问孩子为什么晚餐时间不太喜欢她的食物。假设她回答"我不喜欢吃这些"。接受孩子的说法，而不是跟孩子争论她为什么应该要喜欢这些食物，她需要吃更多健康食品，或者说她去年吃过现在也应该喜欢吃。口味会改变。问问孩子还有没有其他原因。假设孩子说"没有"，这是个好时机，问问她在晚餐时间饿不饿。假设她说"有一点"，很好，你已经在准确发现问题上前进了也得到更多详细信息。她不是很饿也不喜欢有些食物。（注意到你也在做一些现实判断）。现在可以提醒孩子健康饮食的重要性以及你希望她能帮助一起解决问题。

● 特别说明

出色的现实判断可以提高问题解决的效果。在尝试帮孩子解决问题之前，确保你已经掌握了所有相关信息。

寻找信息

下一步是找到孩子喜欢的食物。这可能听起来有些荒诞，但是孩子改变食物喜好的方式非常快。可以分类——肉类、蔬菜类（生的和熟的）、水果等等。将所有食物分成三类，孩子很喜欢的、可以接受的和讨厌的。

另一类家长可以探索的信息就是孩子是不是在你不知道的时候有吃零食，例如，在邻居家玩的时候，等等。如果孩子放学后有保姆照看，也可以向保姆询问信息。

假设你发现了以下这些信息：孩子喜欢和讨厌的食物，孩子没有吃零食，但确实有一两次在外面玩的时候回家喝水。另外，她在晚饭前喝了一大杯牛奶。

产生解决方案

每天晚上跟孩子聊聊她有什么方法可以让自己吃得更多，拿笔和纸记下孩子的回答。记下到目前为止孩子所有的想法。假设她会给出以下这几点，可能有些是根据你的建议：

· 只用我喜欢的食物给我做晚饭。

· 让我喝更多的牛奶而不是吃光盘子里的食物。

· 在我吃甜点以前不要让我吃任何盘子里的食物。

· 让我自己盛饭。你们总是给我盛的太多了。

· 等我更饿的时候再让我吃饭。

评估解决方案

这是教育的好机会。跟孩子讨论每个解决方案的好处和坏处，这会帮助孩子建立现实判断能力。这不会花太长时间，顶多十分钟，否则孩子会失去注意力。如果你对某个解决方案有顾虑，解释你的原因。例如，向孩子解释她不能从牛奶中获得所有食物种类的营养，所以喝两杯牛奶不是一个好提议。另外，如果有一项提议是你就是不愿意接受的，解释你的想法缘由然后将它剔除可行方案的列表。（提醒孩子这是可能发生的，所以这不是你在改变规则。）例如，你也许不愿意为孩子单独准备晚餐，如果你不愿意，向孩子说明原因。

● 问题思考

如果孩子不能想到任何解决方案或者拒绝配合怎么办？

首先，不要陷入矛盾对抗中。提出几个你认为可以代表双赢的解决方案，并向孩子提及。问问孩子的意见某个做法或选择是不是应该被列入可行方案之中。如果孩子拒绝配合，那家长首先要解决的就是孩子配合的问题。缺乏配合很可能说明孩子已经很生气了。找出生气的原因然后先解决这个问题。

剔除家长不支持的选择之后，让孩子从列表挑选至少两项选择。当然，这需要列表中至少还留有两个选择，更多更好，这样孩子就能有所选择。假设孩子选择吃饭之前吃甜点以及喝更多的牛奶取代吃更多的食物。找到实施这些方案的方法。例如，如果你晚饭准备了三种食物，你可以同意孩子只需要吃完其中两种就可以吃甜点（然后确保至少有种食物是她"很喜欢的"或者"可以接受的"）。另外，你可以同意孩子喝更多的牛奶但是要慢点喝。然后他可以有第二杯牛奶。孩子吃了四分之三的晚饭之后，他想喝多少牛奶都可以。在选择一种或两种方案实行之前要收集每个方案实施需要的所有细节。不应该有任何出人意料的细节。

方案实施

及时跟进是很重要的。从下一次晚饭开始实施"吃甜点之前吃完两样食物"和"可以喝更多牛奶但是要慢慢喝"的解决方案。在开始实行的前几顿饭温柔地提醒孩子这些规则。孩子可能还是会问家长"我必须要吃这个吗？"或者，孩子会说他不喜欢吃西兰花。提醒孩子这个想法是他跟你一同制定和选择的。他可以不吃碗里的任何东西，但是如果这样做就不会有甜点了。另外，只要他把其余两种食物鸡肉和土豆吃完就可以不用吃西兰花的。

实施阶段不要进入协商，不要改变同意好的方案，或者过早地判断这个方案不起作用。在新规则或方案实施的开始，通常孩子会立刻挑战测试你的底线。他们想测试你有多坚定来确认你到底有多想实施这个方案。所以，保持耐心。至少尝试新的做法一个星期。

评估方案

在方案得到持续地而非不认真地实行之后，很容易就能判断方案是否奏效。在挑食孩子的例子中，他有没有吃得更多或者更加健康并且争吵减少。另外，你是不是可以不再哄着劝着孩子吃东西。成功或失败是很容易鉴别的。

● **问题思考**

家长不询问孩子意见就实行问题的解决方案是合适的做法吗？

这样做是合适的。由于年龄或者健康和安全问题需要快速做出决定，有时候是需要家长独自解决问题，但依然要向孩子解释方案以及你选择这个方案的原因。尽管对于大部分问题，缺乏孩子的参与可能会导致方案实施的失败，因为孩子没有投入到解决过程或者不理解要这样做的原因。

假设出于某种原因方案不奏效，再次跟孩子讨论。也许其中某个规则需要再修改。也许家长还不知道所有孩子爱吃的食物，所以孩子的"很喜欢"和"讨厌"的列表还不够完整。不论原因是什么，如果第一次尝试的方案很明显没有作用，是时候考虑其他方案以及如何让它们变得可行。

缺乏对解决方案的投入

如果所有共同解决问题的过程都失败了，甚至包括那些孩子同意的事情，该怎么办？如果问题解决失败，你可能要想想提出积极巩固的策略以坚持方案的实施并向孩子说明半途而废的后果。如果这也失败了，很可能说明背后还有一个更亟待解决的问题。

以11岁的凯文为例。他参加了一个全日制足球队，有时候每周会有两到三场球赛。凯文有个坏习惯就是把脏的球衣脱下来扔在房间地板中间或者乱扔在衣柜里。凯文的爸爸跟他商量好了到下次比赛之前要及时整理好球衣，凯文自己也同意要把球衣拿到洗衣房，并且提醒爸爸下次比赛是什么时候。但是，凯文经常性忘记这样做，而是到了最后关头来求爸爸帮忙清洗球衣。虽然让孩子穿着脏球衣是他行为的自然结果，不过凯文并不在意，反而是他的家长在意会让他们在其他家长面前感到很不好意思。

凯文的家长想要给他们制定好的规则加一条奖励。他们可以通过增加凯文额外的看电视或者玩电脑的时间来加强孩子把脏衣服拿到洗衣房的行为。奖励不要太大。如果家长实施一种奖励，那么也是在实施一种后果，帮助孩子理解如果他因为做了某件事而被奖励，也应该让孩子体会到没做某件事的后果。没有遵守方案的后果可以是接下来的一周孩子都必须自己洗衣服。一开始选择一个轻缓的后果尝试，如果不奏效，再尝试更为严重的后果。

● 知识普及

加强好的行为总是比惩罚不合适的行为要更有用。要么同时尝试两种做法，要么只采用奖励得体行为的做法。惩罚，特别是严厉的惩罚，可能会让孩子生气或者有怨恨。

问题解决不好的后果

你也许知道有些成年人因为较差的问题解决能力受到了一而再、再而三的挑战。看下两个在交往中的大学生上了两所距离四小时车程的大学的例子。他们说好了周末要轮流开车到对方的城市，但是轮到男生的时候，他总是有理由没办法开车——周一有重要的考试，家里有足球赛。女生在心理课上学习问题解决的步骤的时候提出了自己遇到的问题。

她认识到了有问题存在，但是并没有准确地发现问题。她认为问题出在男生违反了开车来看她的规定。是这样没错，但是不愿意开车的背后有一个更大的潜在问题：在所有人看来——至少男生的行为表现出他并没有像女生一样投入这段感情关系之中。认识到男生潜在的缺乏投入的问题也许会加深女生的焦虑或者引发伤心难过；另外，这个问题需要完全不同的解决方法。如果女生意识到自己的担忧和难过是如何影响到了自己对问题的逻辑思考，那她本可以更快地解决好问题。

最终会发生什么呢？男生在大学第一年结束后跟女生分手了，而女生一整年都把周末时间花在去找男生的路上而不是跟朋友一块玩或者参加学校的聚会。几乎所有人，除了这个年轻的女生之外，都能看到事情是这样发展的。她回避自己的情绪，而不是生气，但是这并没有阻止不愉快结果的发生。

分享这个例子的理由很简单。检查自己的情绪以及它们可能如何遮蔽或者限制自己对问题的思考是至关重要的。很多人认为问题解决应该是逻辑性和分析性的，而与情绪无关。是的，解决问题是应该有逻辑和分析——想想本章提及的逻辑步骤——但是问题解决也应该考虑到自身的情绪，否则，你的情绪会阻碍你的逻辑思维。

第 14 章

冲动控制

　　家长应该如何教导孩子要有耐心？或者，如何调节自己对事情的反应？又或者，如何避免不经过思考就快速做决定？孩子没有跟大人一样的情绪和认知能力，所以孩子看起来天性冲动。一个婴儿被抱得累了的话，他是不会有耐心等到大人去发现自己的扭动是想要被放下来的意思。相反，他可能直接开始大哭或者竖直自己的身体让你不能抱着他。2 岁孩子基本上是没有不发脾气的。

什么是冲动控制？

冲动控制是一种做决定的能力。如果孩子做了一件冲动的事情，很容易就认为这不是一个"决定"，因为冲动这个词通常包括被情绪左右或者非自愿的反应。注意到情绪一词了吗？实际上，冲动控制是有足够的情绪理解和控制能力，做到行动之前先思考。冲动从来都不是一个人自愿的，虽然看起来像是出自个人意愿因为行动过快不经太多思考。孩子可以有很多冲动的表现——忍不住吃某个食物或者玩游戏作弊，例如从另一个孩子手中抢下玩具，在老师讲课的时候忍不住说话，拿到零花钱的第一天就花光了，或者生气的时候挂电话都是冲动行为。冲动的机会是很多的。

● 问题思考

自发性和冲动控制有何不同？

自发性意味着一个人有足够的灵活性在最后一分钟去改变计划或者行动，或者意味着没有经过深思熟虑就行动。这听上去很像冲动行为。他们的主要区别是隐含意义的不同——自发性用来描述自由和积极的行为（例如自发地鼓掌），而冲动行为指的是带有伤害性和消极的行为（例如情绪的冲动爆发）。

为什么要控制冲动？

每个冲动的行为都涉及一个决定，只是不是经过仔细思考的决定。深思熟虑之后的决定更倾向于带来更好的结果。在人生早期学会冲动控制是给孩子装备了一套以后能够获得更好的学习成就、更成功的人际关系和更优秀的工作表现的技能。例如，体重稍微超标的孩子需要学会关于吃的冲动控制和延迟满足，否则孩子会在去朋友家的时候，看望奶奶的时候，或者跟朋友逛商场的时候吃太多。可以帮助孩子控制饮食过量的冲动，但是计划的一部分也需要教会孩子冲动控制。

棉花糖和冲动控制

早在 19 世纪 70 年代，心理学家沃尔特·米歇尔和他的同事们提出了一种测试学龄前儿童冲动控制的方法。他设置了一个会诱惑大多数孩子的情境。孩子坐在桌前，桌上盘子里放着一颗棉花糖。实验人员告诉孩子他们要离开房间办事，如果孩子能等到他们回来的时候吃糖，就会给孩子第二颗棉花糖。实验人员离开了房间大约 15 分钟然后诱惑就开始了。孩子会屈服于糖果的诱惑还是会发挥冲动控制？事实表明，三分之一的孩子在实验中控制了自己的冲动，几乎所有这些孩子不仅那天有所收获（他们吃到了两颗棉花糖，而不是一颗），他们保持耐心和延迟满足的能力也帮助他们在人生其他领域表现更好。

到了高中，具有较高冲动控制的孩子更有可能取得好的成绩，在美国研究生入学考试中平均分数要高出 200 分，这不是学校教学质量不同或者不同层次的育儿智慧或教育（记住这些孩子都是斯坦福教授的孩子）的产物。另外，研究人员发现有较高冲动控制能力的孩子更加受同龄人的喜爱，也能更好地适应社会。

所有这些结果都只是因为孩子忍住了没吃一颗棉花糖吗？并不完全是这样。是他们控制冲动的能力，这是他们频繁发挥的能力导致了这些不同。能够延迟满足的儿童，作为学龄前儿童可能可以更好地控制自己在玩耍之前先完成家庭作业。或者，他们会拒绝其他孩子在数学课上讲话的怂恿。又或者，他们能够在学校任务项目上保持耐心。在 5 岁到 17 岁之间，有成千上万的机会屈服于冲动，这会影响孩子能学到多少。然后，这会体现在孩子的成绩中。

● **特别说明**

尽早在学龄前阶段就关注孩子缺乏冲动控制的表现，并且及时介入，教导孩子如何耐心等待、拒绝怂恿或者在行动之前先思考。这些都是冲动控制的基本能力。

但是受欢迎程度和社交能力呢？——冲动控制在这里扮演什么样的角色？你会更愿意跟一位不打断他人说话的人互动交流还是愿意跟打断他人的人交流？你会愿意跟一个经常因为其他事情看起来更有吸引力就在最后一分钟改变已经说好了的计划的人相处吗？你有可能会跟一个轻

微争吵之后就大吵大闹的人好好相处还是跟一个不那么容易爆发的人相处？信任和相互关系是有效人际关系的两个关键部分，并且跟不可预测和易怒的人建立信任是更加困难的。

米歇尔和他的团队跟进了很多实验中的参与者 40 岁的情况。到了那个时候，成年人人际关系和工作中的成功应该已经显现出来。那么，猜猜哪些人在两个领域都更加成功？没错，是能够延迟满足感并且管理自己的沮丧情绪的更容易在工作中取得成功。思考一下，没有人想要跟一个匆忙做决定然后经常达不到预期效果，或者经常为了一点儿小错误就发邮件骂人，又或者经常性打断他人工作还抱怨你半天说不到重点的老板工作。而且，大多数人也不会想跟这样的人结婚！

对青少年或成年人来说，如果童年没有好好培养，冲动控制可能是情商能力中最难的一项。为什么？因为屈服于自己的冲动，得到自己想要的东西，释放紧张的感受或者获得其他好处，都会在短期内加强冲动。另一种说法是冲动行为通常在短期内能带来回报，但长远看并不能。另外，某个行为越多地得到奖励，即使只是短期的，日后要改变这种行为会变得更加困难。

如何教育冲动控制？

有四种教育冲动控制的基本方法。首先，孩子自然会面对要求冲动控制的情况。家长可以提前为孩子制订计划保证更大的成功机会。另外，在孩子取得成功后，表扬孩子等待或者任何展现出约束力的行为。其次，家长可以创造更加会引导冲动控制的环境给孩子，特别是你认为孩子挣扎于学习这项能力的时候。其三，家长可以指出在孩子的朋友或者其他人展现出冲动控制的时候指出冲动控制。跟孩子谈谈他人是怎样发挥冲动控制并且有哪些收获。最后，家长自己可以示范控制自己的冲动。

面对冲动：支配零用钱

假设你给了 7 岁的女儿一周两美元的零花钱。大多数时候她都想要跟你一起去超市用零花钱买糖。因为你规定孩子只能买一美元的糖，有时候她会用剩下的一美元下载一首歌曲到自己 iPod 上。你知道州立集市两周后就会开到你的城市，所以你建议孩子将这周的零花钱存起来，这样她能把所有零花钱花在集市上。你可以给孩子更多锻炼冲动控制的激励，例如如果她存下来一美元就能奖励她额外一美元。

但是，选择权在孩子手上。退一步观察孩子会怎样做。如果你照常带她去超市，她说她不想去这样她就不会受到诱惑，那这是好事！她已经学会了帮助自己控制冲动的一种方法，就是远离会造成诱惑的情况。

两周的等待时间对于有些 7 岁孩子来说有些长了，所以经常提醒孩子需要等待。"你不跟我一起去超市是很聪明的决定；超市摆出了所有万圣节用的糖果看起来很吸引人。"或者提醒她集会有哪些区域，她能因为控制存钱获得多少额外的零花钱。

在去参加集会以前，提醒孩子她有各种各样不同的区域、游戏和食物的选择。帮助她思考到了那里想要怎样花钱，以及怎样克制住自己看到第一件物品就想买的冲动。训练孩子对自己提问，"如果后面看到我更加喜欢的东西，我会开心吗？"或者，她可以问自己如果前三十分钟就把钱花光了，然后接下来的四个小时都没有钱用了，她会有怎样的感受。另外，教导孩子如何先对所有可能性进行研究——在不同区域间参观——然后选择将要把钱花在什么物品上面。

改变环境帮助冲动控制

假设 4 岁的女儿被最喜爱的小姨邀请作为婚礼的花童。她很想参加婚礼，但是你担心她能不能站那么长时间。她很容易坐立不安，三十分钟不间断的站立时间对她来说很长。另外，即使能够很好地控制冲动，很多 4 岁孩子还是不能保持站立这么长时间。

所以，想想如何改变环境能够有所帮助。相比让她在整场婚礼仪式上站着，可以在你第二排的座位旁边放置一把椅子，这样孩子走完仪式流程就可以坐下。或者，她可以在前面先站上几分钟，然后找一些空隙时间，例如一首歌之前或中间，让孩子回位坐下。后者可能要求孩子有一些冲动控制能力但对于 4 岁坐不住的孩子来说不会太难。孩子坐下后如果坐立不安，可以给孩子一本绘本书读读。你的目的是教导孩子以一种社交得体的方式处理自己的冲动。指望孩子这么长时间不会站不住是不现实的。另外，问问孩子的想法，她可以做些什么帮助自己在婚礼派对上保持站立。她可能会想到在婚礼上牵着另一位喜欢的阿姨的手。

回想下你可能经历过的"环境改变"来帮助自己控制冲动的情形。也许是在超市的时候选择不买最爱吃的冰淇淋，也许是取消的信用卡；换句话说，你找到了在控制范围内处理冲动的方法。你不需要屈服于冰淇淋的诱惑存够一冰箱的冰淇淋，或者拿着五张信用卡。改变环境以避免诱惑反映出出色的处理能力和做决定的能力！

确保对孩子行为的期待是符合孩子的发展能力的。例如，精力旺盛的 3 岁孩子不会在电影院一直保持安静或者在高级餐厅耐心地等待。确保家长尽到责任避免将孩子放到一个不符合孩子正常行为的情境中。

寻找冲动控制挑战的解决方案的时候，观察周围的环境。如果孩子会互相打闹，可以让孩子坐在饭桌的不同位置。或者，两个孩子在应该做作业的时候讲闲话，可以让他们在分开的房间做作业。又或者，可以让忍不住要把小弟弟嘴里的安抚奶嘴抢出来的孩子到另一个房间去玩（在给他弟弟安抚奶嘴之后）。

培养冲动控制的一个关键是解释你对环境做出的改变。确保孩子知道你对于如何利用环境帮助他控制冲动是经过深思熟虑的。有些家庭在周一到周五不允许看电视或者玩电脑，因为很难让孩子停下来。诱惑就是这么——有诱惑力！

谈论冲动控制及其重要性

从历史、时事、朋友和邻居，还有儿童文学中都能找到大量的健全和不健全发展的冲动控制。选择适合孩子年龄和兴趣的例子。酷爱运动的 7 年级孩子可以通过跟家长一起观看篮球赛中球员因为恶意犯规和教练因为技术犯规而被罚下场学习冲动控制。两种情形都是由于缺乏冲动控制引起的。跟孩子谈论发生了什么。让孩子思考冲动行事的结果。

著名的青年网球运动员比昂·伯格在比赛中存在生气焦虑的时候会大叫会扔球拍的问题。虽然他是网坛上升的新星，已经获得了全国的关注，他的父母还是决定只要他在比赛中失控就没收他的网球拍。太短的责罚时间不会让伯格焦虑也不会改变他的行为，所以他的父母最终没收球拍很长一段时间。

● 问题思考

如果孩子展现出很差的冲动控制，家长应该惩罚孩子吗？

永远尝试积极强化孩子的行为，例如奖励耐心保持控制，而不是因为没有做到惩罚孩子。但是，如果奖励不管用，采用自然和逻辑后果（更多细节参见第12章）帮助孩子学习冲动行为的代价。

到了伯格的家长允许他再次打球的时候，他愿意为了打球做一切事情。所以，当他发现自己要大叫或者扔球拍的时候，他会做一些其他事情例如独自发牢骚或者冷静几秒。越多地练习用这种方式代替扔球拍的行为，伯格能越好地控制自己的冲动。很快，他甚至不用去思考要控制自己大叫或者扔球拍的冲动了。这些冲动不复存在了。而且伯格一直努力成为最成功的网球运动员之一。他因为从不会情绪失控获得了好的声望，这在网球专家看来是一个巨大的优势因为这说明他可以维持自己的注意力。

选择孩子会感兴趣的例子和名人。解释这个人是如何与自己的冲动斗争并且克服它。跟孩子谈论因为这些人没有控制自己的冲动行为或者没有抵抗住诱惑他们承担了怎样的后果。另外，在孩子屈服于自己的冲动的时候，跟孩子谈谈承受的后果。

示范冲动控制

如果家长失去控制、尖叫、暴饮暴食，或者用信用卡买一些负担不起的东西，那么是在给孩子传达一种关于冲动控制的迷惑信息。观察你自己的做法。孩子有听到或看过你的冲动行为或者向诱惑屈服吗？以及，当你生气的时候你是怎样表现的？有平静且有效的方式可以让他人知道你在生气。

本书的作者克罗尔·卡诺伊与同事们研究了父母使用的各种纪律管理手段。他们探寻了可以预测家长会使用哪种类型惩罚——暂停、逻辑后果、打屁股——的多种因素，以及每种手段使用的频率和强度。强度用时间（暂停的时间有多长？）、数量（孩子被打了几下屁股？），以及／或者惩罚的程度（打屁股留下来印记吗？）来测量。

很多因素可以表示育儿纪律管教的模式和频率。关于打屁股惩罚的频率和强度有一项突出的发现。大多数家长会高频率和高强度地打孩子屁股或者使用其他体罚——有时候会用严厉的方式例如用皮带抽孩子或者捏孩子的脸——声称孩子刚刚做了让家长很生气的事情。另外，更经常使用严厉惩罚方式的家长还声称打完孩子之后生气的感受会有所消减。如此严厉的身体惩罚，打屁股，听起来是一个冲动控制的问题。如果孩子惹家长生气了并且经常大力地打孩子能让家长平衡愤怒的话，那么家长就是受了使用暴力的诱惑因为这会让家长感觉更好。如果打屁股被用作一种纪律管教手段而不是发泄愤怒的冲动反应，参与研究的家长都提到了他们是经常需要花时间让自己冷静下来以及通常是如何跟孩子谈论他的错误。另外，这些家长从不会提及打孩子之后会让自己的愤怒情绪感到释放。但是，冲动打孩子的家长却会这样。

● 特别说明

在管教孩子之前先让自己冷静下来。否则，你会采取过于严厉的管教，这会让孩子怕你。孩子越感到害怕，越不可能学习到你试图教导他的内容。

家长最好在孩子出现不良表现之前决定好你们希望如何管教孩子。孩子迟早会做出一些激怒你的事情，让你想要做出一些日后会后悔的事或说一些日后会后悔的话。现在就决定那些情况发生时你会怎么做，以及家长最好能够管理好自己的冲动。

看看这个例子。萨利的儿子很喜欢模型车。有一天当她告诉儿子是时间整理干净的时候他还沉浸在玩玩具车之中。妈妈忘记给儿子常用的"五分钟警告"，这并没有帮上忙。当妈妈命令他立刻收拾玩具的时候，维克特拿一辆玩具车扔向妈妈。被用力扔过来的玩具车立马在妈妈手上砸出了一个红肿的包。由于萨利已经下决心自己绝对不会体罚孩子——在当下她是想这样做的——她能够维持自己的情绪让孩子暂停玩耍。

然后在维克特冷静的时候，萨利离开去给红肿的地方冰敷。经过几分钟的冷静时间之后，萨利可以平静地跟维克托谈话了。她给孩子看手上红肿的地方，并且告诉他冲动行为的风险。维克托看到妈妈的手哭了出来然后主动道歉说"对不起，妈妈"。通过维持自己的冲动控制，妈妈教给了孩子更宝贵的一课。事实上，如果她打了维克托，她就是教育孩子如果他人伤害了你，你是可以反击对他人造成伤害的。而且，如果这样做，妈妈也示范了差劲的冲动控制。

你们都听过"行动胜于语言"这句话，对冲动控制来说正是如此。家长必须示范冲动控制然后才能积极教导孩子。有些孩子会比其他孩子更难控制住自己的冲动，但是所有孩子都是可以做到的。不过，家长必须引导孩子。

争取他人的帮助

在家长不在的时候，其他人会跟孩子相处很长时间，所以争取他人的帮助来教导孩子学会冲动控制是十分明智的做法。否则，你教导冲动控制的努力可能很快被消除。

爷爷奶奶

大多数爷爷奶奶只想跟孩子一起玩，享受祖孙好时光。爷爷奶奶管教不良行为和对孩子说"不"的时候已经过去了。恢复这些管教行为对有些爷爷奶奶来说是很难的，特别是对那些只是偶尔见见自己孙子孙女的爷爷奶奶来说。爷爷奶奶可以是父母有力的盟友，所以争取他们的帮助！

通过阐明积极教导冲动控制的理由来争取他们的帮助。研究表明这样做的一些好处可能会帮助激励爷爷奶奶尽全力尝试。简单些直接给他们一些指示——如何处理孩子发脾气、如何应对吃饭和暴饮暴食以及如何制止过多地看电视或玩电脑。如果他们想给孩子一些零花钱，让爷爷奶奶引导孩子仔细思考并且避免孩子冲动购买第一眼看到的商品。

老师

孩子表现出冲动控制老师当然是会获益的。事实上，老师会积极教育孩子一些冲动控制行为，例如等待轮到你的轮次、不要打断他人、保持耐心排队以及不要打断其他同学学习。所以，如果孩子有另外一些冲动控制的问题，跟老师分享并寻求帮助。特别是，如果你的孩子很容易被其他孩子影响的话，要告诉老师——一个快速解决这个问题的方法可以是将孩子安排坐在更加平静的孩子旁边。或者，让老师知道你的孩子正在努力学习不打扰他人或者其他形式的耐心。又或者，也许孩子会对特定形式的功课感到沮丧和丧失耐心。这种情况下，孩子会与另一个孩子配合形成"互助学习小组"。考虑到很多老师要管理一个二十五人或者超过这个数字的课堂，提醒老师你孩子在哪些方面需要帮助以及你在家里的做法总是明智的。

● 要点提示

不要假设他人会帮助教导孩子冲动控制。忽视孩子的脾气或者对哭闹的孩子表示妥协是需要勇气的。通过提醒他人你的孩子冲动控制的最大的问题和挑战以及你在家里帮助孩子管理冲动的做法，会对他人有所帮助。

另外，让孩子知道你和老师讨论过这些问题，这样孩子会知道老师会跟家长一样盯着他的行为。让孩子知道在家里和在学校对自己的期待和要求是一致的总是有好处的。

第 15 章

灵活性

　　灵活性并不总是与童年相融。家长制定常规，帮助家里所有人理解对他们的期待以及让所有人不需要经常提醒就能保持一致。所以，教导灵活性也许看起来与之相违背，但其实并不是。灵活性将让你的孩子适应改变，不用过于焦虑。改变时常发生，不论是开始上学、搬家还是好朋友搬走。

什么是灵活性?

灵活性是能够让孩子适应改变情况或者开始改变的能力。灵活性让孩子能够轻松地转化优先级,例如从看电视转向先完成家庭作业。另外,灵活性可以让孩子处理多项要求或任务不至于感到应接不暇。灵活性让孩子保持冷静,不论情况会怎样改变或者他需要从一项任务中经历多大的转变到另一项任务。灵活性是压力管理领域里积极的一部分。

灵活性并不意味着孩子会过于有自发性而不能保持关注在一件事情上或者会在事情中间跳来跳去。另外,灵活不意味着优柔寡断,而是意味着对所处环境的适应。

● 知识普及

查尔斯·达尔文的"适者生存"理论提到了个人有效适应环境的能力,这使得个人能够生存下来并得以繁衍后代。本质上,达尔文是描述了一种对所有层次生物的一种灵活性。

为什么要有灵活性?

灵活性将会使孩子获得适应一切将会发生的事情的能力。改变会发生在孩子身上。想想你的父母以及他们人生中经历的改变。很多老一辈必须学会用电脑办公,在他们早期的职业生涯中都是用打字机和纸笔工作。另外为了维持理想的生活质量,他们必须适应要求夫妻双方都外出工作的经济形势。有些老一辈还适应了另一半参战的时期,那个时候还没有长途电话、短信或者视频通话。

● **特别说明**

灵活的人不需要试图掌握环境中的所有事情。试图控制或者保持可预测性是需要大量的情绪能量的。另外,有时候控制情况的努力而不是适应环境会使个人与他人疏远。

重点在于不管是不是想要的或者受欢迎的,改变都会发生。知道如何从容地适应改变的孩子总是能够减小压力并且找到生活中更多的乐趣。他们在面对新环境的时候会体验到更少的焦虑。因此,他们在新环境中将会有更多的精力。

我不去

下面这个真实案例中的主角是一名大学生,她的童年经历使她建立了灵活性。故事是这样的:娜塔莉是一名大三学生,她报名参加了儿童发展课程。她的教授和其他教学人员组织了一次去英国的暑期学习旅行。娜塔莉是两项体育运动员,也是想要通过暑期获得一些学术学分的出色学生，所以教学人员建议她参加这次的海外学习组。对话是这样展开的。

教授：我想你会加入这个暑假的学习旅行跟我们一起去英国。

娜塔莉：我不去！

教授：这个问题看起来很明显。为什么不去？

娜塔莉：我绝对不想去任何我不熟悉还要我去学习适应的地方。

教授：我们整个组会一起旅行。而且在空闲时间，学生可以跟自己的小组待在一起。

娜塔莉：没错，但是我需要适应一个完全不同的睡眠时间，还要吃我不熟悉的食物。我喜欢我的作息安排，而且我不想有任何改变。

教授：嗯……我记得这堂课的开始你提到过你想修这门课是因为你以后想要孩子。

娜塔莉（困惑地）：是这样没错，但是这跟我们的旅行有什么关系？

教授：基于你这学期已经学到的知识，你认为当你有孩子以后你会不会必须要改变自己的生活作息？

娜塔莉（惊讶地）：哦……是的，我想会。

教授：所以，你什么时候才要开始变得有灵活性呢？你越早开始，到了你有孩子的时候你将拥有越好的灵活性。

娜塔莉：让我想想。

几天过后，教授向娜塔莉询问她的决定。他们的对话是这样的：

教授：所以要去英国吗——你已经做决定了吗？

娜塔莉：我有点想去，但是每次我准备好告诉你我要去的时候，我开始害怕。

教授：这在意料之中。改变和新的体验可能让人害怕，特别是你一直试图避免这样的情况。

娜塔莉：你说的没错。我讨厌新环境。我需要求我父母为我支付一个单人间的费用因为我无法跟其他人同住。我喜欢把我房间的所有东西都放在一个固定的地方。

教授（也是娜塔莉的导师）：娜塔莉，我认为稍微逼你自己一下是有好处的，而且你还能获得学分学时。我将会是旅行的领队之一。我们要去的国家的人们也是说英语。是的，有些食物会不一样但是大多数还是跟你现在吃的一样。另外，你将会体验很多新事物但是这些都在团队的安全范围以内。

娜塔莉：好的，我会去。

当临近出行的日子，教授与越来越紧张的娜塔莉一直保持联系。在跨越大西洋的飞机上，娜塔莉坐在教授身边，让她自己不那么害怕（在此之前她只坐过一次飞机）。旅程的头几天，娜塔莉一直黏着某位教学人员。到了第一周结束，她看上去放松多了，也会在下午空闲时间跟同学们一起出去，这是她之前完全不会考虑的事情。

到了第二周结束的时候，娜塔莉已经在小组里扮演领队的角色了，甚至还计划了跟小组同学们晚上外出社交的时间（并且，不用说，是不需要教学人员同行的）。在短短的两周内，她从害怕所有不同并拒绝新体验的人转变成了在不同的国家感到很自在的人。她的自信心也与日俱增。

● 要点提示

让孩子准备好适应可预测的改变。准备工作将会帮助孩子更好地管理压力从而获得一个更加成功的体验。这会让孩子成长为更加自信的人，也能够处理好下一次的改变。

旅行的最后一天，娜塔莉跟她的教授进行了一次短暂的谈话。她告诉教授这趟旅程十分完美，以及她惊讶于自己已经对新体验感到自在了。"我以为改变都是不好的；现在我认识到改变可以是很棒的！我很可能仍然遵守在家里的作息，但是现在我知道了世界不会因为任何改变而结束。"

娜塔莉是一位聪明的年轻女性。她的父母没有让她体验改变，而且她经历过的改变——例如离开家去上大学——是在意料之中的也是必需的，如果她想获得专业上的成功。但是这些改变，即便是意料之中也是计划好的，对她来说还是有极大的困难。现在她已经获得了一套能够让未来的改变不给自己带来极大困扰的能力。

常规和灵活性：可以共存吗？

对吃饭时间，洗澡时间，睡觉时间，早上上学准备，道别和一系列其他事情设置常规是有好处的，为了避免混乱，甚至是必要的。常规给了孩子可预测性。他们知道接下来会发生什么以及他们应该要做什么。常规还帮助孩子专注于手头上的任务。

常规在孩子受到压力的时候也可以安抚孩子。4岁的山姆和他的妈妈每天早上在妈妈送山姆到日托中心后都有一个非常固定的道别常规。

首先，山姆会把所有东西放到自己的小房间，然后他会挑选一本很薄的书让妈妈读给他听，然后妈妈将山姆送到"道别窗口"，这样命名是因为孩子可以从这扇窗户看到停车场的爸爸妈妈。在拥抱道别之后，妈妈离开了，回到车上的路上一直向山姆挥手道别。妈妈坐进了车里，按了两下喇叭之后开走了。虽然这个过程也许看起来有些繁杂，但是这确实能减轻山姆上日托的焦虑。

● 问题思考

我怎样才能知道我要保持常规还是保持灵活性？

将常规看作是帮助你更轻松地完成重复的任务的模式，有了常规不需要过多思考或者讨论。常规对可预测的事情有所帮助。另一方面，灵活性让我们可以适应无法预测的、意料之外的或者不被期待的事情的发生。

睡觉时间没有常规作息会给很多家庭造成混乱。大一点的孩子因为已经有了完善的常规作息，知道家长期待他们怎么做并且能够独立完成任务。尝试每天早上送一个或几个孩子上学而不设定常规通常会造成迟到、忘带午饭或者其他让孩子和家长都不愉快的后果。

对常规的灵活性和坚持是相互补足的能力，这两个能力结合在一起的时候能够让孩子从容地面对人生，既不会与改变抗争又不会过于死板从而错过成长的机会。灵活性能力的第二类涉及发起或者引导改变。虽然这听起来更像是成年人的行为，让孩子学会发起改变是合适的。灵活性的第三个类型是在特定情况下转变优先选择的能力，也就是可以轻松地从一项任务或活动转换到下一项，不会中断。

灵活性就是适应能力

在孩子还不到 10 岁之前，把将会"被迫"发生在孩子身上的改变列一个清单（换句话说，孩子是不能够制止这些改变的）。去一个新的日托中心上学或者适应一位新保姆是大多数美国孩子都会经历的。然后就是上学。有些孩子足够幸福，他们的父母可以开车送他们上学，而大多数孩子会开始搭校车，这又是一个改变。很多孩子会经历的可能的改变包括弟弟妹妹的出生、搬家或者父母离异。也有可能是最好的朋友搬走、兄弟姐妹或者父母的生病、祖父母或者宠物的离世和一系列其他可能性。

已经获得适应环境改变能力的孩子在减小压力，降低焦虑和更加愿意探索新环境中的机会方面都会更加成功。拒绝改变并不能让改变停止，但却会让适应环境变得更难。

让孩子为改变做准备

幸运的是，大多数改变都是可以预测的，例如去新的学校上学或者搬新家。可预测的改变给了家长教育孩子接下来会发生什么的机会。给孩子时间——但不要太多时间——去为改变做准备。但是你怎么知道多长时间是足够的时间？关于时间的把控有三个因素可以引导你的考量。首先，如果有人在孩子身边讨论即将发生的改变，那么跟孩子讨论。时机，换句话说，就出现在当孩子需要了解改变的时候，例如当他们无意中听到你的话或者某个事件的发生，如家庭正在跟房产中介联系找新房子。

为什么灵活性被认为是压力管理的一种形式?

孩子在一个情境中经历的压力大小取决于孩子感受到多少威胁。如果任何形式的改变都被认为是有威胁的,那么你的孩子会经历一种很大的皮质醇的释放,就是压力荷尔蒙。更大的压力指数会阻碍认知功能并透支孩子的身体。

把握时间的第二种方式就是给孩子足够的时间去拜访新地点(新学校,医院)或者对一个新人产生舒服感。这通常需要两到三次的拜访,每次都停留更长一点的时间。在拜访之间,做一切可以给孩子展示新地点的事情(或者新老师),向孩子提问并且给予信息回答。最后,如果一切都向孩子展示过了,而且你还没有跟孩子讨论接下来的变化,一个大概的做法是不管孩子多大都让他提前一天知道改变。在父母出去旅行的时候跟爷爷奶奶待在另一座城市的改变只需要提前几天告诉两三岁的孩子,但是对 9 岁或者 10 岁的孩子可以提前两周告诉他们。改变发生之前,在日历上记下剩下的时间会帮助孩子更加真实地看到即将而来的改变。

另一个与改变有关的考量是要参与孩子可能会有的问题,然后乐于简单诚实地回答孩子的问题。例如,如果孩子去爷爷奶奶家住的期间,父母要出海游玩,孩子可能会问父母会不会每天都打电话给他。不管你的答案是什么,保持回答诚实且清晰。细节越明确,孩子会越好地适应改变。

6岁或7岁以下的孩子是非常具象的，他们没有很好的时间观念。因此，使用具体的事物例如图片和日历帮助孩子以具体的方式理解接下来将发生的改变。

教会孩子发起改变

改变总是会发生的。如果你不希望孩子主动迎来改变那么你将在某一刻错过机会。毕竟我们都听过"别没事找事"这一说法。然而，很多事情虽然没坏处但是是可以从发起改变获益的。

看下这个例子。假设你要求孩子每周都要参与家务劳动。几年下来，你已经为孩子制定了每周要做的家务活。现在你6岁、7岁和10岁的孩子都要求他们来挑选要完成的家务。他们对年复一年同样的安排已经感到疲惫了，但是你担心两个小一点的孩子不能很好地完成你本来安排给10岁孩子的有难度的家务活。但是你有什么可损失的呢？孩子在展现积极主动性啊！奖励他们的主动以及他们以自己的方式创造改变的意愿。

虽然你认为7岁孩子不能像10岁孩子一样叠衣服叠得好的想法也许是正确的，但是折叠整齐的衣服是你的目标吗？还记得社会责任的概念吗？做家务最重要的意义在于孩子必须为家庭做贡献，因为他们是家庭的一分子。另外，如果7岁的孩子身高不如10岁的孩子够不到储藏柜，但是想要拿到洗碗机，那就买一把搁脚凳！好消息是每个孩子都很可能会对自己负责的家务更有动力（以及更少的争论）因为有了选择。另外，你也会教会孩子，改变虽然不总是能带来完美的结局，但肯定是有好处的。根据孩子的年龄调整你的要求标准，要求家长有一些灵活性，因为你也是在示范灵活性！

● 特别说明

在孩子人生的各个领域寻找机会让孩子发起不同类型的改变。鼓励孩子在自己房间里移动家具或者做任何有趣、有帮助的事情便是一次锻炼发起改变的机会。更多的锻炼会带来更大的安抚。

假设你的孩子从不主动发起任何改变，你可以教导孩子如何发起改变。给每个孩子一个假期，然后让他们给家庭如何以传统的或者其他方式来庆祝这个假期提两到三个意见。确保给孩子一些引导，否则你可能会得到很多类似每年去迪士尼豪华游的建议！然后你们可以组织家庭会议来讨论选择哪项新的度假方法，或者也可能是你们正在做但是想要停止的庆祝方式。关键在于家长以一种有趣的方式教会孩子发起改变。在实施部分建议的过程中，家长会示范如何以一种愉悦和积极参与的方式接纳新的不同的事物，而不是感到焦虑。

灵活性即转换优先事项、活动或任务

从一项任务或者活动转向下一项，或者转换事情的优先级，将一件事情暂时搁置并且强调另一件事情的重要性，都是需要灵活性的。对于喜欢可预测性的孩子来说，这种灵活性可能会特别地有挑战性。接下来介绍的是可以帮助任何年龄的孩子，特别是学龄前儿童。

对将要发生的改变给出充足的提示

提醒孩子将有改变发生，"在你洗手吃晚饭以前，你还可以玩五分钟"，这样说比"你现在立马去洗手"能让孩子更好地配合。你也不想在你看小说看得正入迷的时候被你正画得入迷的另一半打断去帮忙递一支画笔。对于没有太多时间观念的孩子来说，买一只闹钟然后在玩耍前设定好时间。沙漏时钟会更加有效，因为这样孩子可以看到沙子在玻璃瓶的流动，就像看得到时间的流逝。

让孩子知道什么时候可以回到他原本的活动当中

当你女儿正玩得入迷的时候，她可能不想吃晚餐。让孩子知道什么时候可以接着玩，不管是晚饭后还是第二天从日托中心放学以后。这个信息会帮助孩子更轻松地从一项活动转换到另一项任务当中。在你要求孩子停止一件他喜欢的事情去开始做一件他不那么喜欢的事情的时候，你可能会碰到反弹情绪。你会喜欢从休息的周末转变到忙碌的周一吗？让孩子知道她很快会有更多的玩耍时间，会让孩子好好配合，但是现实一点，并不要期待孩子会很开心地完成这件事！

如果我并不喜欢将要发生的改变，怎么办？我应该对孩子诚实表达我的想法吗？

跟孩子分享你真实的想法和感受是好的，但是以一种适合孩子年龄的方式调节你的分享。假设爷爷要搬到家里一起住，这个改变没人喜欢，也许甚至是奶奶也不喜欢。可以承认这是一次大的改变，而其中有些部分会有乐趣而有些部分会有些困难。

发现问题点并找出有效解决方法

4 岁的玛利亚每天睡前都很困难。她总是很焦躁地要求爸爸妈妈读更多的书给她听。有时候上床睡觉会花上一个小时，因为她还是精力旺盛。玛利亚的妈妈想到一个办法，是让她洗澡洗更长时间，给玛利亚 15 分钟吹泡泡或者让她随心所欲地在浴缸玩。泡澡总能让玛利亚放松，所以这个时间的改变帮助她冷静下来一点。开始洗澡的时间也比平时要早。到了睡觉时间，在妈妈或者爸爸读过两本书之后（这是睡前作息的一个常规流程），玛利亚可以开着灯安静地看书，直到她感受到困意。所有这些改变帮助玛利亚从一个精力满满的状态转换进入一个平静的睡前状态。相比孩子求着晚上不睡觉多玩会儿或者焦躁地在床上翻来覆去一个小时，现在玛利亚能够很快速地进入睡眠。

有些家长可能会好奇为什么需要改变玛利亚的睡前作息。会不会只需要设定一个睡觉时间即使孩子如果需要很长时间去适应也没有关系？这个问题的答案取决于你想要达成的目标。调整孩子的洗澡时长以及让孩子安静地看书给了玛利亚尝试不同入睡习惯的机会，这样做对孩子更加有效。另外，玛利亚的父母通过改变洗澡时间和睡前作息也向孩子示范了灵活性。玛利亚每天上床睡觉的时间还是没有变，但是能够更好地入睡，教会孩子转变本身并不是一个问题，关键是如果她想要成功就需要尝试不同的改变。

对于更大的转变，例如暑期结束后返校，让孩子以你如何面对重要改变的方式去做准备。开始谈论改变，给孩子尽可能多的信息。例如，跟孩子讨论他将需要几点起床，以及他的作息时间将会如何改变。提醒孩子在哪里等校车，这样孩子可以开始将作息的改变视觉化。

乐于回答问题

孩子会问类似"为什么我要……？"的问题。简单明了地回答这些问题。另外，要乐于回答"为什么"的问题。如果你对于想要或者需要孩子做出某个改变有很多的理由，分享这些理由会让孩子更加服从你的安排！

意料之外和可能带来创伤的改变呢？

也许一次飓风席卷了你的城市，你的房子摇摇欲坠。或者是一次亲人的意外离世。也许是父母决定离婚，这是在事情确定之前你不会想要分享的事情。这些改变很可能对大人来说都是极具打击的，而且这些情况下有时候很难去兼顾到孩子的需要。

给孩子提供额外的社会支持，不管是打电话给孩子最喜欢的阿姨让阿姨过来还是请假一段时间陪孩子。或者，假如你需要时间和空间去平复心情或者处理事务细节，也许可以把孩子送到奶奶家。有时候孩子会需要专业的帮助去克服意料之外和会造成创伤的改变。注意孩子沮丧的表现（吃东西或者睡眠习惯的改变、极度悲伤、成绩下滑等等数不清的行为）。并且，尽快恢复到原来的作息安排当中或者建立新的作息安排。

你在培养孩子的灵活性和适应性的时候就已经在帮助他们面对这些创伤性的情况。其实，这些机会就像疫苗，能够激发出孩子处理灾难性事件后果的能力。这些改变是让人心碎且很难度过的，但是灵活性能力会帮到孩子。

第 16 章

压力忍受度

孩子面对压力的时候会发生什么？他会保持内心冷静还是会"拧麻花"无法清晰地思考？家长应该给孩子设定最低压力值的环境吗？还是应该给孩子练习处理压力的机会？根据孩子不同的脾性、过去经验、事情的重要性以及自己的价值观，每个孩子在潜在压力环境下的经历会有所不同。

什么是压力忍受度?

压力忍受度说的是孩子在压力面前保持冷静的能力。冷静的反应让孩子能够保持思维的专注,而焦虑的反应会阻碍认知功能。两个孩子面对完全一样的情境,例如,学校话剧中的主演角色,一个孩子可能会在压力下崩溃后忘词,而另一个保持足够冷静的孩子能够记住台词,有精彩的表演。所以,决定孩子压力值的,不是情境本身,而是孩子对情境的反应决定了他压力忍受度的强弱。家长的目标不是要保护孩子不面临压力。事实上,根据著名的压力专家汉斯·赛利的观点,这也是不可能的。为什么? 因为任何对孩子提出的要求,即使是简单如早上起床这件事,在某种程度上都可以是潜在的压力来源。因此,目标并不是避免压力,而是帮助孩子培养能力,更不容易受压力影响。

为什么压力忍受度很重要?

经受住压力而不被压力所压倒的能力,能让孩子面对各种挑战时依旧保持出色的表现。对压力的反应更小也说明孩子血流中的皮质醇指数更低。身体中过多皮质醇持续过长时间会造成严重的身体损伤,很可能会让孩子感觉疲惫,然后更加难以抵抗疾病。这两种压力造成的后果,疲惫和经常生病，只会加强孩子受到的压力。在孩子疲惫的时候会更难以专注于学业，另外由于生病错过课程的结果是额外的学习进度补习。所以，对压力情境的过度反应会造成一种更难摆脱的恶性循环。

● 知识普及

即使是小婴儿也会感受到压力。过大的噪音、长时间感到很冷或者只是被不熟悉的人抱着，都可能让婴儿感到压力。这也是为什么家长会看到孩子会通过吮吸自己的拳头或者手指来自我安慰缓解压力。

理解压力反应

很多人误解了压力，因为他们认为是环境创造了压力，人是因为环境感受到压力。但并不是。事实是，孩子感受到的压力大小由两件事决定：第一个因素是孩子在当下情境中受到多少威胁？第二个因素是孩子可使用的帮助更有效处理压力的资源。孩子感受到的威胁越小，他就会有越多的资源帮助自己处理压力，也更有可能处理好情境。

看看下面这个真实案例。艾什莉是当地夏季游泳联盟的游泳健将。其他选手都是全日制泳队的成员，也是非常有成就的游泳选手，他们全年里每周都会有五天或六天练习划水和翻转，这些动作在五十尺赛道比赛中是一个关键。艾什莉非常有游泳天赋，她没有参加全日制游泳训练，也还没有掌握好翻转技巧。

当夏季联盟比赛结果发布时，艾什莉以 0.01 秒的优势排名第一。其他三位有天赋的全日制游泳选手分别排名第二、第三和第四，他们的成绩都和艾什莉的时间相差 0.1 秒以内。可以说，这四位女生速度是一样快的。艾什莉的泳队很有可能从 25 支参赛队伍中脱颖而出获得城市冠军，但另一支竞争队伍也有很大的机会夺冠，其中一位选手的成绩紧紧跟在艾什莉之后，这给了艾什莉更大的压力。

艾什莉的教练告诉她，如果所有种子选手都按照往常的表现完成赛道，他们的队伍就可以以两分的优势取胜。这意味着艾什莉必须赢下她的自由泳比赛，这很大程度上增加了艾什莉的压力。

当天早上，艾什莉因压力过大崩溃。她前一天晚上失眠，早上又因为太过紧张吃不下早饭。比赛从下午一点开始，所以她必须要吃点东西获取足够的能量。而且，下午开始也意味着艾什莉整个早上都会处于焦躁紧张的状态。艾什莉的妈妈早上尝试帮助孩子转移注意力，但也徒劳无功。最终孩子承受不住压力哭了。妈妈在艾什莉旁边坐下，轻轻拍着她的头说："如果是米娅·汉姆，她今天也会感到紧张。"艾什莉是超级足球迷，一家人在美国女子足球队打进世界杯的时候都激动不已。一提到米娅·汉姆，艾什莉就忍住了眼泪说："真的吗？"接下来艾什莉和妈妈展开了这样的对话。

妈妈：她当然会紧张。出色的运动员在大赛之前紧张是因为他们知道所有人有多依赖自己。

艾什莉：就像我的教练和泳队依赖我一样。

妈妈：是的。但是每个人也知道你会尽自己最大的努力，发挥出你最好的状态。

艾什莉：那如果我输了怎么办？

妈妈：亲爱的，城市前五名的成绩并不能算是输了！但是，假如对方选手打败了你，最坏的可能会是什么呢？

艾什莉：她的队伍就会是冠军。

妈妈：没错。也可能是你赢得了你的比赛，并且你的泳队也能获得亚军。或者，你输给了对方选手但是你的泳队也可能仍是冠军。你的泳队里还有其他150位选手，团队获胜需要每位选手都有出色的表现。如果你在比赛中尽了最大的努力，所有人都会支持你的。

艾什莉（小心翼翼地）：你觉得如果我没有打败对方选手，教练会生气吗？

妈妈：不会的，亲爱的。没有人会对你生气。大家都知道你已经尽力了，并且已经努力做到最好了。另外，大家都对你在这个夏季的进步之大感到激动。

艾什莉（仍然小心翼翼地）：是的。

妈妈：你这周已经进行了额外的加强练习，甚至跟教练一起加练了两个小时的翻转。

艾什莉：而且我已经提高了速度。

妈妈：你肯定进步了。

艾什莉：你认为米娅·汉姆现在正在做什么？（足球赛也是在下午开始。）

妈妈：我猜她现在正在做一些能让她放松的事情。你想思考下有什么事情能够帮助你放松的吗？

艾什莉：好的。

母女俩觉得看艾什莉最喜欢的电影里的一部可以有所帮助。所以，他们开始一起蜷在沙发上看电影。二十分钟不到，艾什莉香甜地入睡了。她睡了五十多分钟，醒来觉得很饿。艾什莉的妈妈为她准备了一份充满碳水化合物的早餐，艾什莉吃了个精光。他们又接着看电影直到比赛前。

● 特别说明

理解孩子的脾性以及孩子可能经受的强度会引导家长如何帮助孩子积极地面对即将而来的压力。换句话说，尽量不要等到孩子已经感觉到压力了，而是教导孩子如何减少潜在压力情境对自己的影响。

到了比赛前，艾什莉是紧张但专注的。比赛那周艾什莉跟教练对翻转进行了加练，并且对这个部分感到更加自信了。艾什莉的划水有力而干净，这是她天生的。她站在泳池边，像教练建议的那样——想象着自己"拿下"翻转。

比赛枪声一响，四位游泳健将快速出发。艾什莉的划水动作是最强有力的，并且在接触 25 尺边线的时候保持了半个身子的领先。她要翻转了。翻转过后她还会保持领先吗？她做到了，但是这个时候只领先了一个头的距离。她已经攻克了比赛中最难的部分并且处于领先。艾什莉一路猛进直到以 0.05 秒的优势触到终点线。艾什莉成功控制了自己的压力反应，才有了如此出色的表现。在她一开始失眠、食欲不振、非常焦躁且沮丧哭泣的时候，是不会有这样的好结果的。教练将艾什莉从泳池里拉起，给了她一个大大的拥抱并护送她与队友庆祝。

艾什莉的妈妈通过提醒孩子还有 150 名队友参与比赛以及像米

娅·汉姆那样的巨星也会紧张，直接解决了艾什莉怕输掉比赛的担忧。妈妈温柔地帮助孩子认识到紧张不安并不会有帮助。另外，她帮艾什莉找到了应对的资源——看一部有趣轻松的电影，以及比赛那周支持孩子进行加练。

● 问题思考

　　如果孩子过于紧张崩溃，做什么事情都无济于事，家长可以做些什么？

　　对于年龄小的孩子轻微感到有压力时，观察有什么可以让他们平静下来。可能是抱着他最喜欢的毛绒玩具或者是坐在爸爸妈妈的腿上。利用这些资源让孩子减小受到更大的压力来源的影响。对于年龄稍大的孩子，家长可以为孩子打造出一个特别的地点，孩子感到压力的时候就可以去。让这个地方变得舒适且有吸引力，并让孩子控制进入和离开这个特殊地点的时间。

降低威胁水平

　　管理压力的第一步是将威胁水平降到最低。帮助孩子思考这个问题，"这个情况下最坏可能会发生什么？"通常情况下，最坏的情况不会发生。通常不会发生比赛中所有选手都发挥出了最好的水平或者整个队伍的输赢取决于某一个 10 岁孩子在一次比赛的表现。艾什莉的妈妈帮助她认识到了这一点。另外一个在压力环境下可以思考的问题是"可能会发生什么？"通常可能会发生的情况是远比最坏情况威胁要小得多的。

　　另一种帮助降低威胁的做法是分享你自己面对巨大压力时候的例子，当时有些什么重要的事，以及你是如何应对处理的。害怕失败或者害怕发挥失常恰恰会增加这种结果的可能性。所以，帮助孩子去少想一些关于失败的事情而更多地思考这是一次令人兴奋的机会，是减小压力对自己影响的一个关键应对方法。

降低威胁的第三种方法是让孩子列举出所有可能会发生的好的事情。假设因为要搬家，你的孩子要去一所新的号称更厉害的学校。另外，这是一所全新的学校，并且地区上一些最好的老师都在这里。但是，你的孩子将要在不熟悉的环境结交新的朋友。关于会发生什么好事情的列表可以是这样的：结交新朋友的机会、教室里新的电脑、很棒的操场和更短时间的校车乘坐时间。

● 要点提示

孩子们对他们人生中重要的大人是非常敏感的。所以，如果你正在经历一些有压力的事情，就像孩子去一所新学校一样，你的孩子是能够感觉到你的压力的，不管你有多努力想掩饰你的压力。因此，很重要的一点是家长要能够很好地处理自己的压力，因为这跟孩子有关。

发现能够帮助解决压力的资源

能够解决压力的资源可以包括时间、他人的帮助、一位支持的伙伴、家人或者是能够帮助孩子放松的事情。还记得艾什莉的例子吗？艾什莉的妈妈花时间给孩子进行加练，并且这也是孩子希望的，而不是跟朋友一起看电视或者玩耍。另一个她们用到的资源就是利用教练的能力去帮助艾什莉提高翻转。帮助艾什莉应对压力的第三个资源是一位支持的妈妈。艾什莉不怕在妈妈面前做自己。另外，艾什莉能够想到看电影是可以帮助自己放松的事情。

降低威胁及利用资源案例

查德和罗莎被选为班级表演的主角。查德的性格更加内向，而且他还有一些害羞。另外，查德的父母对他的表现有很高的期待并且如果表现好会奖励他。查德的父母已经答应他，如果能够记下所有台词就给他买一个新的电子游戏。他的父母对他担任主角有些担心，但是没有将这种担心用语言表达出来。事实上，他们没有经常谈论这个表演因为担心这样会让查德更加紧张。他们会在全校面前表演，这会增加威胁水平。

● **特别说明**

给孩子奖励通常不是一个好的帮助孩子处理压力的方式。相比之下，教导孩子用不同的方式思考压力（降低威胁）并采用好的应对机制方法。家长可以经常在成功解决压力之后跟孩子庆祝，但是在之前提出奖励机制只会传达给孩子现在他面临的问题是很重要的信息。这种信息很可能会增加孩子的压力水平。

罗莎的脾性跟查德差不多。虽然罗莎的父母也有很高的期待，但是他们很注意不给孩子压力。另外，他们依靠孩子想要表现好的动力而不是提供各种奖励。罗莎的父母知道这次对罗莎是很好的机会，可以让孩子有乐趣并练习应对挑战。罗莎的父母询问她练习的情况，然后罗莎告诉父母她有时候会忘记台词或者记错念台词的时间。罗莎的父母很期待去看孩子在全校面前的表演。

上述情境说明了为什么压力忍受度是如此重要。查德毫无疑问地将面对更有威胁性的情况。孩子在情境下感受到的威胁越多，他们越有可能变得内心焦躁被压力打败。内心的焦虑会导致认知混乱，这更可能会导致出错。

你会认为查德所处的情境更为不利。没错，他的脾性容易紧张，但是罗莎也一样。但是家长的两套处理方法可能导致增加查德而降低罗莎的威胁水平。为什么会这样？首先，查德的父母需要积极地降低威胁，而不是谈论这次表演并且承诺结束后会有奖励。他们应该跟孩子谈论表演的时候通过鼓励降低威胁，可以说说他们表演的经历，等等。家长还可以提醒孩子表演中他可以利用的资源，例如站在一旁的老师可以提醒他忘记的台词。另外，家长可以给孩子在家练习的机会如果孩子愿意。积极地应对压力来源会创造出更多让孩子有效地处理压力的机会，而不是拒绝讨论假装它不存在。

应对策略

让孩子发掘对自己有用的应对策略，然后确保孩子坚持并且经常地使用这些应对策略。有些策略，例如身体锻炼，可以达到短期和长期的缓解压力的效果，而其他策略更多的是在临近压力事件的时候会有效果。

·身体锻炼：参加体育运动，跟妈妈一起慢跑，或者在家附近骑自行车都是可以降低皮质醇水平的运动形式。即使是做一些简单的事情，例如在思考一道很难的数学题的时候，休息一下做五十个开合跳，都可以释放一些压力。

· 支持的朋友和家人：给孩子营造出让他愿意分享担忧和害怕的环境——运用你的同理心能力。这会给你机会能够帮助孩子降低感受到的威胁或者帮助带来额外的可用资源。如果你实行的是一种权威型的育儿模式——对服从和成就有高期待但缺乏温暖——你的孩子可能对于跟你说真心话感到小心翼翼。当孩子确实在分享自己的想法和担忧时，专心倾听并对孩子的感受予以反馈。

· 分散注意力：分散注意力只要不被过度使用，是可以的。在大的游泳赛事以前看一部电影让艾什莉感到放松。但是，如果一个孩子看太多部电影，看电影就失去了对孩子的吸引力也就无法分散注意力，无法帮助孩子建立积极的处理能力。试想下有一项大工作周一前要完成。你还有好几个小时的工作没完成，并且你答应自己周五晚上会好好休息然后在周六早上重新投入到工作当中。但是，有一个朋友打来电话约你去打网球。你答应了邀约因为你知道体育锻炼会帮助减少压力。你回到家发现另一半拿到了今天下午大型大学篮球赛的门票。你对没有完成的工作还是感到有压力，而再长一点时间的分散注意力又是不错的。就这样，分散注意力开始变得更像是拖延症，而当分散注意力被过度使用的时候，就会这样。

· 积极设想：教导孩子设想自己正处于压力事件中并且自己处理得很好。如果马上要进行一次大型拼词比赛，你的孩子很紧张，帮助他设想自己坐在课桌前写下单词的样子，就像在家里练习的一样。让孩子设想冷静且自信的感觉。最后设想自己将完成的答卷面带自信的笑容交给老师的样子。

·音乐、阅读或某项爱好：帮助孩子找到能够帮他放松的爱好。也许孩子喜欢用随身听听音乐。或者，也许孩子热爱阅读，可以沉浸在书本里将当下压力来源抛诸脑后。不管是什么爱好，确保孩子能有一件让自己放松的事情。

● 问题思考

利用放松疗法例如冥想来减轻压力效果如何？

冥想和其他放松疗法可以是很有用的处理压力的方式，将在第19章中介绍。放松疗法的好处是你可以随时随地进行。

使用模型方法减轻压力

认知心理学家们，例如阿尔伯特·埃利斯，认为事件或情境很少会引起情绪反馈，也因此很少会引起压力。而埃利斯认为是你对事件的理解（信仰）以及事件对你的威胁或者对你的意义决定了你受到的压力水平。

假设你5岁的女儿将要经历一场标准化测试，这场测试的结果会决定她是否能加入资优生学习项目。她告诉自己说如果她没有考好你会非常失望，虽然你已经尽了一切可能避免给她任何压力。她认为父母会失望的想法让自己更加紧张。另外，相比她通常会跟父母讨论的做法，她不想让父母知道她有多害怕。因此，由于她有这个想法，她比平时更加紧张，也不会像平时去跟父母倾诉。另一位要考试的同学，不认为她的父母会因为她没考好而生气。她只记得父母经常说的"尽你所能就好了，这就是我们要求的全部"。

压力的其中一个后果就是你可能会经历一种认知混乱，很难去记住事情，很难专注在一项任务上，或者很难整理你的思绪。这些经历会增加你受到的压力。

你认为谁会在考试中发挥得更好？第一位同学很可能会发挥失常因为她太过焦虑而影响了自己的表现。两位同学面对的事件（行动）是一样的，但是他们的想法导致产生了不同的情绪反应和行为。为了避免这种倾向，孩子需要学会积极的自我对话。另外，如果他们开始陷入一个消极的想法，他们需要认识到这一点并战胜自己消极的想法。接下来是释放压力模型的每一个步骤。

·行动：有些事情已经发生了或者将要发生（例如标准化考试）。

·看法：理性的看法包括积极的自我对话，例如"我可以做好"。不理性的看法包括消极的自我对话（例如"我没有考好"），这会导致更多的情绪压力。

·结果：不理性的看法会引导出一些不成熟、不理智的，或者是不正确的、不明智的行为（例如不跟父母倾诉自己害怕做不好）。不理智的看法还可能会引发害怕、焦虑、愤怒和其他消极情绪。

·争论：用以往经验中的事实和证据来推翻不理智的看法是好的对抗方法。在这个例子中，你的女儿可以提醒自己在过去考试中的出色表现。或者，她可以回想自己考试拿低分但是父母表示理解并帮助她的例子。

· （新的）影响：一旦她战胜了自己的不理智看法，会更加容易得到一种更为平静的反应，这会有助于发挥出最佳状态。

你不需要在孩子每次面临压力的时候都实施上面的每一项步骤。但是如果你感觉到孩子并不能很好地应对问题或者开始了消极的自我对话，问问孩子对于重要考试的想法。如果孩子的回答类似于，"我很怕我会考砸"，那么你就知道他需要你帮助他重塑情境以保持冷静。教导孩子在各种情况下进行积极的自我对话，这会成为孩子在面对压力时的一个可以依赖的资源。

第 17 章

乐 观

　　马丁·塞利格曼在 1990 年的著作《学会乐观：如何改变你的思维和人生》一书中，全面地记载了乐观对身体健康以及心理健康的好处。所以是什么让乐观变得如此强大？就像压力忍受度和幸福（这在第 16 章讲到过），乐观，或者甚至是它的反面，悲观，都与人在沮丧时大脑内化学物质的改变有关。乐观不仅仅是对好的事情的期待。事实上，这样过于简单的理解会导致很大的误解，因为乐观是通过积极的坚持让好的事情发生。

什么是乐观？

乐观，简单地说，指的是将一件事情以一种积极的方式去看待，而不是以一种消极的方式。但是，乐观不仅仅是这样。乐观还有第二个部分，坚持。坚持会帮助孩子在遇到挑战时保持决心和专注。两者结合起来，就是强有力的—— 一种即使面对困境也有以坚持做支撑的积极信念。

因此，相信自己在足球比赛中能够得高分，但是从不愿意练习也还没得过分的孩子，很可能是没有良好的现实判断，而不是乐观。但是，同样的孩子如果说，"我想在足球赛中有更好的表现。我知道如果我努力练习并且听从教练的指挥，我会得分"，那么他是在展现乐观。另外，如果孩子已经努力训练了三个星期但是还没有进球得分，他可能是在展现乐观的坚持部分。经典的儿童读物《小火车头做到了》里就融入了乐观的两个部分。

● 要点提示

在读这个章节的时候，要提醒自己孩子的乐观水平不是由环境决定，而是由孩子选择如何看待环境决定的。

乐观不意味着以下这些事情。首先，乐观并不是脱离现实。如果一个上次测试中拿 C 等级的学生这次想拿 A，这不是乐观。乐观也不是自夸自大，例如"我跳舞跳得这么好一定会得到'最佳舞者奖'"。最后，乐观也不仅仅存在于一些轻松或简单的情境之中。真正的乐观是在任何情况下都能够保持乐观。乐观指的是，不论问题有多困难，你都会积极面对。

为什么要乐观？

心理学上一个经典的研究案例可以说明如果丧失了乐观会发生什么。几只狗被拴在一个地上铺有电击板的笼子里。第一组的狗狗很快地就学会了，原来可以用鼻子按住一个按钮来停止电击。然而，第二组的狗狗无法逃离电击。一开始，第二组的狗会叫，会用爪子抓，会跳起来，会做任何尝试逃离笼子。

过了一会儿，同样一群狗被放进没有拴绳的集装箱。狗狗面前是一堵很容易跃过去的矮墙。当电击开始，第一组的狗迅速地跳过矮墙逃离，然而第二组的狗并没有尝试逃离，即便没有绳子拴住它们并且逃离的路线十分明确。它们为什么不尝试逃离呢？研究领导者塞利格曼和他的同事们将狗狗的这种行为命名为"习得性无助"，一个恰当却悲哀的词。那些狗狗已经放弃（做不到坚持）解决问题，放弃逃离电击。这个实验中最重要的一点是：不是环境阻止了狗狗第二次逃跑（有一条逃离路线），而是它们的选择。丧失了希望、无助侵蚀了实验中的狗，阻挡了它们对环境的积极回应。乐观是很重要的是因为它能够在挑战中、困境中，甚至无聊的时候给予我们希望并助力我们坚持。

习得性无助是有些学生学习障碍的原因之一。举个例子，如果你的孩子在数学学习上感到很困难，感到一事无成，他可能会开始放弃甚至不再尝试解决数学问题。

悲观，习得性无助和抑郁

如果一个人过于陷入习得性无助或者总是认为"我做不到"，那么他将付出后果和代价。这样的想法通常伴随着不努力解决问题。没有解决问题的毅力——乐观的坚持部分——问题通常是不会自行解决或者消失的。问题会造成更大的困境，这又会导致悲观，然后最终很可能会导致习得性无助或者抑郁。习得性无助和抑郁之间的紧密关联性给了我们一个明确的警告——教导乐观对孩子的全面发展是至关重要的。如果最终导致习得性无助的悲观主义占据，更多更坏的后果会随之而来。不好的结果会打击努力的积极性，这基本上又会造成更多消极的后果。这是一个恶性循环。但是，家长可以通过教导孩子乐观来阻止孩子陷入这样的恶性循环之中。

悲观是不会改变事实或者环境的，但是会让问题变得更困难，甚至会让情绪更难过。另外，悲观还会减小成功的机会。

如果你希望孩子学会乐观，你必须自身展现出乐观。孩子会观察会听，他们会照着你的做法来做。所以，第一步是管理你自己并做出从悲观到乐观的改变。第二步，你需要教会孩子积极地应对问题并且给他大量的练习机会。这个步骤类似于教练给运动员大量的练习，知道练习得越多，越会培养出自发性，即便是在压力很大的比赛当中。第三个要素是对乐观的反应，即使是在最困难的情况之中。

示范乐观

当你面对各种各样情况或者听到新闻的时候，开始倾听你自己。你保持乐观或悲观的倾向会明显地体现在你的言语之中。基本上每个人都听过用"还有半瓶水"或者"空了半瓶水"的描述方式体现一个是乐观还是悲观的倾向。开始注意你自己描述问题的方式。

假设你生病了，然后医生告诉你一天要喝 64 盎司的水。你又是从来不爱喝水的人，可能一天就喝一杯水，那么每天 64 盎司对你来说会是一个很大的改变。为了帮助自己测量摄入的水量，你买了一个 32 盎司的瓶子。下午四点，第一个瓶子喝完了，你还剩下 32 盎司要喝。乐观主义会关注在积极的方面——"我已经喝了今天要求的一半了。我在摄入大量的水，这对我的身体有好处"。用积极的态度描述问题会让你充满能量继续喝水，然后专注于 64 盎司的目标上。相反，悲观的想法会将事情描述成——"我只喝了今天要求的一半。我不可能喝完 64 盎司的。一天要喝这么多水太难了"。

听听你自己的言语。你有没有经常消极对事，只关注于坏的结果或是觉得未来没有希望？还是你会更经常去思考哪里出了问题而不是哪些地方做对了？如果是这样，你就是在展现悲观主义。

事实没有改变——你已经喝了 32 盎司的水，还有 32 盎司要喝。另一个事实就是医生告诉你一天 64 盎司的水对你的健康有好处。有些人错误地认为是特定的环境迫使他们消极的。当然，的确有些恶劣的情况下是这样。但是，能够发现保持乐观积极的方法并能够解决问题（毅力或坚持）的人总能有更好的结果。

你是乐观主义者吗？

接下来这个练习可以帮你确认你天生更倾向于乐观主义还是悲观主义。想象你是一个有 12 个孩子的大家庭里的第九个孩子。父母都在外工作，家庭生活舒适能够负担支出，但是没有多少闲钱可以买新衣服，度假或者换新车。孩子们都要在 16 岁以后开始兼职。

现在，把所有关于在这个家里好的或坏的（开心的 / 不开心的，积极的 / 消极的）事情都列举出来。当你完成以后，将所有事情分为两组：好的（开心的，积极的）和不好的（不开心的，消极的）。例如，如果你提到你经常会有一大堆衣服供你选择，虽然大多数都是些"旧衣服"，这样就是积极的描述。如果，你提到你很可能不能选择自己的新衣服，那就是在以一种消极的方式描述这个情境。两种描述方式都是准确的，也是可能会发生的。没有哪种说法比另一种更准确，但是第一种肯定比第二种更加积极。而且，如果你是第九个孩子，你已经穿不下现在的网球鞋了，你是会乐观地认为你可以从可以穿的鞋子中挑选一双你最喜欢的，还是会悲观地觉得很难过因为不能买新鞋子？乐观主义是"把柠檬榨成柠檬汁"，而悲观主义停留在只有柠檬没水喝的状态。

乐观和自我对话

乐观（或悲观）通常会造成自我对话，或者是跟自己小声自言自语。这里列举了一些，如果你是一个乐观主义者，你可能会想（自我对话）或者甚至会大声说出来的话：

· 有方法可以解决问题。

· 总有另一种解决办法。

· 我怎样让事情以一种双赢的方式解决？

· 为了让事情变好，我还能做什么？

· 因为进步我受到了鼓励。

· 我会越来越好的。

· 我已经在进步了。

· 我已经取得了很大的进步足以说明事情会越来越好。

· 只有我坚持尝试事情才会得到解决。

● **特别说明**

乐观并不保证你会克服每一个困难，让所有问题消失，或者甚至是你会有一个更加轻松的人生。乐观能够保证的是不论你面临什么问题，你都会以积极的能量和想要"打破"问题的心态，而不是散发消极的能量或者无助地等着问题侵蚀你自己。

现在，看看上面这些自我对话的悲观主义版本：

· 我看不到事情能够怎样解决。

· 我们已经尝试了所有方法但是没有任何效果。我已经累了不想再尝试了。

· 我们不可能以一种让任何人都开心的方式解决这个矛盾。

· 所有事情都试过了，就是这样了。

· 你取得的进步还不够大。

· 我不擅长做这个。

· 我没有越来越好也没有取得任何进步。

· 进步的速度太慢了。

· 我无法让这个问题消失所以我应该放弃在这件事上浪费精力。

使用积极的描述练习乐观

简单地说，积极指的是在描述一个情境时，去发现其中好的一面，发现其中的可能性和希望。描述也就是自我对话。孩子面对即将开始的舞蹈表演会对自己说些什么？她更可能会说"在大家面前表演会很有趣"？还是会说"在大家面前我会太过紧张以至于发挥失常"？根据这两种自我对话，你认为哪位孩子会表现得更好？第二个孩子告诉自己的话，一种自证预言，可能会倾向于表演失误。

自证预言

自证预言说的是人们会根据他人对自己或者自己对自己的期待，而表现得好或者坏。有大量的研究证实了这一个现象。自证预言是这样的。一位老师（大多数研究都是在教育环境中进行的）认为一个成绩不好的会表现不好（一种消极的描述事实的方式）。因为，他——有时候，无意地——会少关注一些这个孩子而且在他碰到问题的时候提供比较少的帮助。毫无意外，这个孩子表现并不好。老师已经消极地对情况定型——这个孩子不会成功或者不能学到很多，因为他分数很低——然后无意识地采取了让孩子无法成功的行为。如果他人对孩子的期待都有如此强大的影响效果，那么他自己对自己的期待和对事情的描述又会有怎样的影响？另外，如果身边重要的大人不支持孩子对自己积极地期待和描述，又会发生什么？

听听你的孩子是怎样描述的。当你听到积极的描述或者看到孩子的坚持，指出来。跟孩子谈谈保持乐观和坚持的价值。并且，当你听到消极的描述时，打断他并且跟孩子谈论，问他，"有没有另一种角度可以看待这个问题？"

● 问题思考

非常强大的现实判断能力会怎样影响乐观？

现实判断，或者说是扫描环境信息并对信息做出合理的反应，看起来似乎与乐观相矛盾。但是，这两者并不矛盾。现实判断让孩子能够收集并理解信息，而乐观反映了孩子如何描述这些事实以及是否愿意去战胜面临的挑战。

仍在学习中

假设你的孩子有天放学回家跟你说："我不会画画，但是老师把我们的画都展示了出来。我知道其他同学会嘲笑我的。"对自己能力的消极刻画——不会画画——暗示了他已经放弃了要尝试进步。告诉孩子一个关于狗即使能够逃跑也拒绝从电击中逃跑的故事（实验研究）。或者，告诉他一个你努力取得进步的故事。让孩子坐下来，跟他一起画画，并且让这件事变得有趣。让孩子知道多加练习他会取得进步。

但对于孩子所说的第二部分怎么办？他认为有些不好的事情将要发生，他觉得自己会被嘲笑。他的消极描述很可能会增加被嘲笑的可能性，因为孩子都有一双敏锐的眼睛能够发现谁会害怕被嘲笑。所以，他认为自己会被嘲笑的描述（看法）有更大的机会成真。因为他正这么告诉自己的！虽然你不知道其他孩子会不会嘲笑他，而认为他们是会真正增加这件事情发生的概率，因而造成了一种自证预言，那么就要帮助孩子转移注意力到其他事情上。

帮助他专注积极和坚持。提醒他练习会帮助他进步，并且问他，"如果别人嘲笑你你会怎么做？"帮助孩子写下一些积极对话，他可以大声说出来或者只是自己对自己说，例如"我在练习画画所以我能够越来越好"或者"我喜欢我的画因为……"，又或者"老师下周会展示我们的诗词，我很擅长写诗"。另外，如果你觉得有需要的话，让孩子练习远离其他孩子的评论，保持决断性（见第8章）。

帮助孩子换一种角度看问题会帮助排解一些真实发生了的嘲笑情况对孩子的刺痛。另外，他会学习以积极的角度看问题，他会感觉越来越好，也越来越准备好面对所有挑战。

找寻乐观：贾斯汀的人生

从小事开始练习如何保持乐观和坚持会让孩子获得在面对人生中最具挑战问题的能力。看看接下来这个真实的故事。贾斯汀在7岁被确诊出一种致命的癌症。他的父母决定告诉他真相——不是推测或者猜测——而且在父母跟贾斯汀分享事实的时候，是以一种关注在他们能做些什么战胜疾病的方式（乐观）上。他们从不对孩子承诺他不会死于癌症，只是说他们会努力抗争（坚持），充满希望，保持乐观，并将精力放在抵抗疾病上。

● 问题思考

哪种做法更好，只是跟孩子分享这则沉痛的信息还是尽量以一种积极的方式分享？

如果这则令人悲痛的信息会以某种方式影响他的人生或者他最

终总是会知道的，告诉孩子并且告诉孩子你打算坚持下去，保持乐观。孩子能够察觉问题，不跟孩子沟通只会让孩子更难调整。

贾斯汀是一个非常聪明的孩子，明知道自己病情的预断并不乐观，还是保持乐观。他在医院接受了很多天的化疗和手术恢复。贾斯汀和他的父母本可以很快速陷入他妈妈所说的"自怨自艾"当中，这对他们来说更轻松。没错，所有人都因为贾斯汀的疾病感到悲痛并因为孩子遭受病痛折磨感到痛心。情绪反应跟乐观不同，乐观决定了人们如何选择行为反应。对确诊癌症的伤心并不意味着你和孩子必须放弃生活或者认为坏的结果正要扑面而来。

专注于治疗，而不是疾病

在这么痛苦的时间里，他们怎样表现出乐观？贾斯汀的父母意识到对他的疾病消极地描述并不能够帮助到孩子或自己去更好地应对。一个悲观的描述听起来会类似于，"他会死于这个可怕的疾病，而我们什么也做不了。对这个病还没有很有效的治疗药物"。乐观的描述，正如贾斯汀一家所说的，听起来会是以下这样。"贾斯汀得了一种很可怕的疾病，但是我们要尽我们一切的努力去战胜疾病。每年都有新的药物被研究出来。也许会发现一种能够消除癌症的药物。我们需要先疾病一步，如果现在的治疗不起作用，我们要保持进度了解我们以后可以采用的治疗方式。"

想想这个描述——他们承认了疾病的打击以及还没有一种痊愈方法，但是同样也充满希望（积极）地相信如果继续尝试新药物和治疗方法他们会找到痊愈的方法（坚持）。事实上，在贾斯汀确诊后的六年之后就发现了新的治疗药物。

一个"正常的"生活

因为父母的积极描述，贾斯汀也保持了乐观的态势。他继续参与日常活动，例如打棒球和打篮球。到了中学，他参加了校队，有时候用棒球帽或者羊毛帽挡住自己的光头。相比担心害怕其他人对自己光头的反应，贾斯汀没有让这些阻止自己享受生活。而且，班上其他孩子跟从他的引导。学校老师甚至取消了"教室里不准戴帽子"的规定。贾斯汀在化疗过程中——这让他筋疲力尽——坚持上学的决心，鼓舞了所有人也给他自己急需的鼓励，与同龄人的交流让他暂时从疾病中抽离。

● 要点提示

有些人声称悲观是更好的，因为这样他们就不会对不好的结果感到失望。但是，这个说法也意味着他们会浪费大量的时间等待或期待不好的事情。这是你对孩子的希望吗？

毅力

在贾斯汀13岁离世之前的6个月，他在一次讨论这个疾病的年度会议上向医生和研究人员发表了一段感人的演讲。贾斯汀承认自己病情的恶化程度（事实），但是紧接着谈论医生和研究人员从他确诊那天到现在所取得的进步（也是事实）。他鼓励所有人继续努力找到治愈的方法（乐观）。

在贾斯汀离世前10天左右，由于肌肉流失，他已经不再能够自行说话或者坐立。贾斯汀依然表现出乐观的两个方面，积极和坚持。他刚刚从为了维持肌肉力量的物理治疗中回来。这次的物理治疗特别艰难，贾斯汀挣扎努力着做一些简单的练习。治疗结束的时候，贾斯汀已经疲惫不堪。但他的听力还是很好，他听到物理治疗师鼓励他的父母尽可能让他自己坐在椅子上，这样他就不会丧失更多的肌肉协调。

他们把贾斯汀推回病房，当他们正要把贾斯汀抬上床的时候，他指了指椅子。所以，父母就把贾斯汀扶到了椅子上。然后他指了指白板和马克笔，这是他除了手势之外唯一的交流方式，并且开始画下一个词。在那个白板上他写下了两个字："坚持"。

贾斯汀出色的乐观并没能帮他阻止死亡。但是，乐观确实让那 6 年变得更加充满希望，也一定更加好过；希望点燃了他参加校队，跟朋友出去玩，运动的能量，而不是沉浸在对命运的沮丧之中。如果他选择了悲观的路，他本可以早早放弃，最终度过一个等待死亡的人生，但是他和父母的选择是尽可能找到希望并保持乐观，让自己和父母这 6 年的人生变得更加有趣和充满欢乐。如果你想要了解更多贾斯汀的激励故事，可以搜索网址 www.chordomafoundation.org，并搜索姓名"贾斯汀·斯图拉斯"或者"坚持誓言"。

第 18 章

性格会影响幸福吗

　　幸福是内心的喜悦，与对于满足于你是谁（自我尊重），
关系的质量（人际关系），你正在做什么和你有多享受它（自
我实现），以及你如何描述发生在你身上的事情（乐观）有关。
另一种解释幸福的方式是想象一座金字塔，塔尖就代表着幸福。
是塔尖下面的石块和稳定性决定了这座金字塔可以建多高以及
可以经受住怎样的考验。

什么是幸福？

幸福是一种内在的满足感和喜悦。幸福的人面对生活更加充满能量，更加高兴，也会对新事物表现出更多的热情和能量。想象一只开心的狗是什么样子的。它会经常摇尾巴，在门口开心地等主人回家，热情地期待下次散步，并在家庭出门时兴奋地跳进车里。这只狗就是幸福地生活着，带着对正在发生的事情和未来会发生的事情的热情和喜悦。另外，所有人都会喜欢一只开心的狗，这让它获得了越来越多的积极关注。

大多数积极的外部事件对长期迸发出幸福感是没有作用的。你和你的孩子也许会因为成为篮球队的最佳球员或者班上最聪明的孩子感到短暂的喜悦，但是这些事情都不足以维持长时间的幸福。事实上，这些事情不太会产生太多的喜悦，除了在事情发生的当下，例如当孩子向你展示成绩单或者你在观看孩子比赛的时候。但是这些事情都是易逝的，也无法维系幸福。

● **特别说明**

幸福必须来自内心。教导孩子依赖自己创造幸福而不是指望其他人去为你创造幸福或者给你会感到幸福的事情。

上面提到的四种情商能力——自我尊重、自我实现、人际关系和乐观——会预示着你孩子是否幸福。最快速的提高幸福指数的方法是培养这些情商能力。即便只是其中某项情商能力低下，也会很大程度上降低孩子的幸福指数。

举个例子，设定并实现目标的孩子（自我实现），有良好的朋友和家庭关系的孩子（人际关系），和乐观坚持的孩子（乐观）拥有了跟幸福有关的四种情商能力的其中三种。但是，如果他因为较低的自我接受和较高的自我批评而不接受自我，也不自信，那么他的幸福指数会大大地降低。

不参加有意义的可以提供满足感和挑战的活动，不设定和完成目标活动的孩子可能不会像参与这些活动的孩子一样的幸福。或者，假设你的孩子喜欢并且接受自己，参加了给予自己挑战和人生意义的各种活动，也以积极的态度看待事物，但是没有紧密的朋友或家庭关系，他的人生还是会缺乏来自于人际关系的相互回报的意义。最后，假如你的孩子有自我尊重、自我实现和良好的人际关系，但是倾向于消极地看待问题，他会每天花时间自怨自艾，这显然会拖住幸福。

● 知识普及

第1章展示的情商模型将全面发展和幸福放在模型的外圈，因为所有情商能力加在一起才能培养出全面发展的人。

与普遍的想法不同，几乎没有外在生活因素能确保（一方面）或阻止（另一方面）一个人的幸福。心理学家已经研究了年龄、种族、民族、性别、赚得的金钱和很多其他因素的影响。除了贫穷和高龄，当老人随着年纪增长变得更脆弱跟低指数的幸福有关外，其他因素的影响很小。

为什么要幸福？

　　幸福是少有的几个如果缺乏培养就会让孩子的人生偏离正轨的情商能力之一。如果滋生出了不幸福感，并且不做出任何改变，孩子最终会经历轻微或严重的抑郁症的风险就会增加。即便是轻微的抑郁症也会令大多数活动蒙上乌云，让孩子在执行生活但享受不到欢乐。另外，如果不幸福感达到了临床抑郁症的水平，是会从人生的方方面面摧毁一个人的。

性格会影响幸福吗？

　　对新生儿性格不同的研究表现出明显的模式——身体上的积极与否，情绪上的积极与否——是产前环境或遗传的结果。孩子的性格可以从难相处到容易相处，积极到消极，有情绪反应到无情绪反应等进行分类。关键在于孩子天生有特定的性格特点，这些是从父母遗传而来，所以不要怪孩子！但是性格的原因只占一半，另一半是环境影响的原因，这就包括了育儿模式。家长的职责是对孩子的性格恰当地反应，因为这样做会给孩子最大的幸福发展空间。例如，一个情绪起伏大的孩子就需要家长更多的耐心；如果你没有这份耐心，结果可能是你无意之间伤害了孩子的自我尊重因为你很难接受真实的他。所以，孩子可能会经历自我尊重的很多困难，最终影响到他的幸福感。

害羞

害羞的孩子在不熟悉的环境中或者在面对一大群人的时候会分泌出更多的皮质醇（压力荷尔蒙）。他们对这些情况有明显的身体反应。猛地将孩子推到这些情景当中，不给予支持或帮助很可能会引起下一次这种情况下更多的焦虑。焦虑和沮丧通常同时出现，所以尽早地帮助孩子学会控制自己的焦虑。

● 知识普及

害羞和焦虑的孩子更难建立友谊。但是没有友谊的支撑，他们的害羞和焦虑可能更加加重，让他们更难获得幸福感的重要来源：友谊的幸福。

所以这种情况下家长可以或者应该做些什么？第一步是帮孩子做准备。如果是一项重大的转变，带孩子多去拜访几次新的环境例如新学校。如果是比较小的转变例如新的保姆，让她提前30分钟来，给孩子"熟悉"的时间。对于新环境的问题诚实地回答。提供额外的帮助直到孩子习惯了新环境或者新人。允许内向的孩子有时间进行调整会增强他的自我尊重（害羞没关系，我不必因为害羞而不喜欢自己），而且人际关系会发展迅速，因为孩子会感到更加舒适。

害羞和内向有什么区别?

内向是一种性格,指的是孩子从自身获得能量,因此独自的阅读时间或者其他独处时间是在给自己充电。内向的孩子还会在说话前谨慎思考,也会享受在一个时间段专注在一件事情上。内向的孩子并不一定会害羞。当孩子来到一个要与他人交流的新环境的时候,害羞会造成一种强烈的身体反应。

被动

有些孩子天生就很被动。这样的孩子的风险是他可能不会要求很多的关注,容易被遗忘在玩耍护栏、电视机前或者安静地自己看书。这种性格对幸福的影响是孩子跟他人——朋友和家人——接触的机会可能会大幅度降低。积极主动的孩子的家长(积极不意味着多动症)要更努力让孩子保持愉悦,不论是陪孩子玩游戏,全家人一起出游,邀请朋友到家里来,还是鼓励孩子出去跟小朋友玩。每次互动和每一次孩子新的尝试都能够激发出他的自我尊重能力。另外,家庭游可能会让孩子发现自己想要追寻的目标,从而提升自己的自我实现能力。孩子从你这里得到更多的关注,跟朋友更多的互动(人际关系)以及不同的经历都会建立孩子的自信。然而另一方面,被动的孩子不要求这么多。他们需要家长制定出大量的玩耍、家庭游和朋友相处的时间,即便孩子看上去似乎并不需要。

情绪反应

情绪反应大的孩子会很容易不安。他们对喜悦的感知也更加强烈。还是婴儿的时候，他们可能比情绪反应较小的孩子要更经常或者更长时间地哭闹。这些孩子对于环境的改变或者不熟悉的常规可能会有更强烈的反应。观察孩子的反应，确保他们既有充足的积极情绪（幸福、兴奋）也有消极情绪（压力、悲伤）。并且家长要确保控制住自己对孩子任何情绪反应的沮丧，否则你会给孩子更多的情绪反应！

事件在制造不幸福感中是什么角色？

外部事件肯定会造成不幸福感，因为它通常影响着四大情商板块的其中一项，从而造成了不幸福感。举个例子，父母离婚可能意味着孩子以后不会经常见到自己的父亲，因此影响了人际关系功能，如果孩子会将父母离婚的一部分归咎于自己，有时候年龄小的孩子会这样做，甚至会影响自我尊重。或许是亲爱的祖父母的离世（人际关系），又或者是在学校发生的事情侵蚀了孩子的自我尊重，例如一位超级严厉的老师。

● 要点提示

通常来说，不是事件本身导致了不幸福，而是孩子与家庭处理事件的方式。例如，父母离异家庭的孩子有时候会反映他们希望跟爸爸的交流更多，会希望避免矛盾争吵，等等。但是，父母离异，如果处理不好（例如，父母在孩子面前争吵或者是在矛盾争吵时把孩子放在中间为难），会给孩子造成很大的痛苦。

看看接下来这个暂时的不幸福的例子。桑卓尔是个开心的 3 年级学生，她在学校有很多好朋友，表现也很出色。但是，她在家开始会变得压抑，睡觉时也很黏人，想要妈妈跟她一起躺在床上。桑卓尔的妈妈知道出了问题但是并不清楚问题是什么。所以，她决定满足女儿的要求睡前跟她一起依偎在床上（妈妈理解不论发生了什么对女儿都是很重要的，这展现出了同理心）。到了第三天晚上，桑卓尔开始哭了。妈妈说服女儿可以把心事说出来，不论发生了什么。令桑卓尔妈妈震惊的是，原来女儿班上有一个小男孩一直在跟她传递性暗示的纸条并且在操场玩耍的时候一直在她身边转悠贴得很近。孩子很害怕但是也觉得很难堪。第二天学校给那个男孩的家里打了电话并展示了其中一张纸条。男孩得到了管教并立刻被转到另一个班级。几天以后桑卓尔又恢复了往日的幸福水平。这里的道理很简单：如果孩子从开心到不开心有迅速的转变，找出原因并且快速处理。

育儿行为和幸福感

确保家长跟孩子的互动模式是支撑幸福发展的。检查下你自己的行为是在建立还是贬低孩子的自我尊重、自我实现、人际关系以及乐观。

育儿，自我尊重和幸福

你是否允许孩子有弱点？或者，你是否在每件事情上都要求孩子达到完美？每个人都有弱点，所以尽管你也是有弱点的，家长要展现给孩子自我接受，跟孩子沟通不完美也没有关系。如果家长一味地指责，指出孩子的错误，指出孩子如何没有达到目标或者指出还需要进步的地方，孩子很难拥有高的自我尊重。

另一种伤害自我尊重的做法是跟孩子靠得太近，总是凌驾于孩子之上控制孩子的行为，等等。如果你这样做，你是在传递一种不信任孩子对哪怕是一些简单事情的判断。这会侵蚀孩子的自信。给孩子犯错的空间，然后让孩子从错误中学习。例如，匆忙赶作业可能会导致一两个粗心的错误。如果你让孩子经历犯错的后果（低分），孩子会比你时刻监管着仔细检查他每一项作业要学到更多。

● 知识普及

权威型育儿模式是最常见的造成儿童焦虑的模式。由育儿抑郁导致的不干涉型育儿模式让孩子自己照顾自己。对于育儿抑郁家长的孩子有更大的可能性他们自己会变得抑郁。

如果你想要孩子建立健康的自我尊重，给孩子描述型反馈而不是评价型。"你在科学作业上花了一个小时，并且即使感到挫败也坚持"的反馈要好过"你今天科学作业完成得很好"。为什么描述型语言更好？首先，孩子会知道自己哪些行为是以后应该重复坚持的。其次，孩子会迅速发现如果有好的事情，也会有坏的事情。评价型语言让孩子相信家长是在持续评价而不是支持自己。所以，积极的反馈和有帮助的批评都应该以值得重复或者需要避免的具体行为的方式表达出来。

育儿，自我实现和幸福感

简单地说，孩子在达到自己为自己设定的目标和参与对他们而言有意义的活动的时候是最幸福的。记得那个 7 岁不会游泳但很想加入夏季泳队的孩子？他发现了自己的潘多拉魔盒并且取得了巨大的成功。如果是他的父母为他挑选的体育活动然后强迫他参加，他还可能会获得大学的体育奖学金吗？

同样记住目标达成或在某件事情上表现出色——即使是没有制定目标的时候——都会给人带来极大的满足感。孩子的出色表现需要家长的支持，不要尝试用威胁或者过激的言语让他们表现好。

● 问题思考

如何区分提供奖励导致孩子有压力和庆祝孩子的成功？

你的动机会告诉你有什么区别。你是在使用奖励或惩罚对孩子施加压力确保他会努力吗？如果是，你就不是在庆祝孩子的成功！真正的喜悦是来自于你做得很好并且热爱的事情。那并不需要外部奖励。

育儿，人际关系和幸福感

家长每天都有机会向孩子展示如何与他人建立有意义的人际关系。你有没有给孩子示范与他人有意义地交往，包括你的孩子？跟孩子谈论让你和孩子更加积极建立有意义的亲子关系。例如，如果孩子告诉你他害怕的事情，分享一次你感到害怕的经历可以安慰孩子。（确保也分享你是如何克服你的恐惧的。）关键在于你展示了脆弱的一面并且以互动的方式沟通交流。

确保孩子有大量的机会跟爱他的大人互动（例如，祖父母、最喜欢的阿姨等等）。跟自己可以依赖并且能带来乐趣以及在需要的时候安慰自己的大人交往，孩子会从这些交往中收获良多。另外，支持孩子跟同龄人建立人际关系。允许朋友到家里过夜，在孩子还小的时候帮他约定玩伴，即便你很忙也送孩子去朋友家玩，以及其他类似的行为都是给孩子形成有意义的人际关系的机会。从这些关系中，孩子将学习到信任，甚至是矛盾。

育儿、乐观与幸福感

上一个章节讨论乐观的时候讲到了很多育儿行为以及家长是如何支持或者打击乐观的发展的。关键的育儿行为是你如何描述事件——你是将事件描述成可能正确的以及如何坚持让事情发展更好的乐观主义方式吗？如果是，你就在以身作则教导孩子乐观。

如何分辨孩子幸不幸福？

判断孩子是否幸福，有四个注意事项。首先，孩子的能量值有多少？另外，最近有没有能量水平的降低？有些孩子天生能量值较低——前面章节提到的被动性格——因此低能量值是他的常态。但是，如果不是因为身体原因，参与一项消耗精力的体育活动或者是其他外部事件引起的能量值降低，那这种无精打采的状态可能就是因为不幸福感造成的。对于性格被动的孩子，你可能会更容易用一切其他标准来判断他的幸福感。

其次，孩子的热情指数高不高？对以前喜欢的事情有没有表现出相对较低的热情和兴奋？或者是从来对任何事情都不会表现得太兴奋。去参加生日会之前、家庭度假或者其他类似的活动，孩子表现得有多兴奋？另外，最近孩子的积极性有降低吗？

第三，可以观察孩子的情感和情绪表达。孩子有没有经常容易微笑或大笑？孩子会发自内心地开心还是情绪有些黯然？另外，这些情绪反应有没有变化，变得比平时少？

● **要点提示**

观察孩子生活中扮演重要角色的大人的情绪表达。情绪是可以传染的，因此有了"情绪感染"一词，并且研究表明人们会受领导者的情绪影响。孩子人生中的"领导者"就是家长、老师和其他经常接触孩子的大人。

第四，以更广的视角看待孩子的人生。这听起来有些不好操作，但是问自己一个很简单的问题就可以了：我的孩子看起来是在享受人生吗？这个问题答案的两端是很容易被察觉的——明确的享受人生和一点都没有享受。处于中间段的孩子更难判断。如果你不确定，向亲近的朋友、家人或者孩子的老师寻求帮助。

如果你有一个不开心的孩子你该怎么做？

首先，测试孩子与不幸福相关的四大情商指数。很有可能，你会发现一些关于自我尊重、自我实现、人际关系或者乐观的问题。然后努力提高孩子的这些情商能力，详细方式回看前面的章节。同时，跟孩子温柔地分享你的观察。假设你 8 岁大的女儿最近看上去不开心。引用一些孩子行为上的改变，例如不想去最好的朋友家玩或者坐校车之前会紧张。你可能会发现一些造成了暂时不幸福的情况或事件，或者你发现孩子的自我尊重需要一次激励了。

关于抑郁症

有时候不幸福感不会只持续在一段合理的时间内。或者，不开心的行为变得更加明确。这里针对你是否该带孩子看心理医生给出一些指引。

·明显的睡眠或饮食习惯的改变，除了有合理的原因例如身体发育以外的情况

·无精打采或者普遍的低能量，除了由其他原因如身体不适引起的情况

·对以前很喜欢的活动突然丧失兴趣

· 情绪低落，很少笑，或者 / 并且表达悲伤

· 表达出不幸福，悲伤，没有价值或者无助

· 学业的突然下滑

· 从人际关系中抽离

抑郁的青少年还会送走一些本来对他们很有意义的东西。经常会因为一段恋爱关系的破裂，受到霸凌，或者最好朋友的背叛，青少年可以非常迅速地从开心转变为极度悲伤。青少年自杀的概率更高因为他们具备了一些收集需要的资源的能力，也因为他们会在人际关系中经历的崩溃情绪过于强烈以至于认为人生没有希望。

永远将注意力关注在给孩子提供帮助而不是等着孩子自己进步上。如果你带孩子咨询了专业人士之后，被告知孩子没有抑郁，那是很好的消息。那么你就可以采用如何提高他幸福指数的方法了。另外，如果孩子被确诊为临床抑郁，很重要的是家长要尽早发现问题并给予适当的帮助。

第 19 章

正　念

　　虽然正念减压法并不属于某种特定的情商范畴，培养正念减压法可以潜在地帮助孩子提高各种情商能力，包括情绪的自我察觉、压力忍受度和冲动控制。另外，因为正念减压法的核心是意识，所以与重要的情商能力——自我察觉有共同点。记住这个章节的目的是给家长提供一个正念减压法的宏观概念，并且总结如何运用正念减压法帮助孩子建立情商能力。

什么是正念减压法？

正念减压法指的是你放下对自己或当下所处环境的注意力。正念减压法的一个重要组成部分是不评价自己和任何你脑海中的想法。事实上，关键是对当下你正在经历的事情保持专注力，因而可以排除来自于过去或者未来的影响。有效的正念减压法训练可以让人放松，让身体和心理都停留在当下。意识可以是对环境或事物的关注、对自己在环境中的关注、对身体感官的意识和情绪的意识，以及最终，也是正念减压法形式中最具挑战性的，对想法的意识。

为什么要讨论正念减压法与情商的关系？

简单来说，情商的目标是帮助个人对自己的情绪有更好的意识并且能够更清晰地认识到为什么会经历各种情绪，然后进行有效的情绪管理去控制自己，控制反应和人际关系。有效地训练——正念减压法——能帮助个人加强意识，并且通常来说也会帮助放松。经过练习，正念减压法会帮助孩子建立情商能力，特别是情绪的自我意识和压力管理。

现在的孩子正经历着越来越大的压力，不论是比赛中要争第一、父母的离异、经济困难还是父母因为工作或疾病无暇顾及自己。童年压力在过去50年中剧烈地增长，正如现在4岁的孩子就会参与到竞技性比赛。另外，孩子还参加无数家长投入但是自己并不是很享受的活动。忙碌的生活安排给孩子和大人都造成了压力，因为这要求前面压力章节提到过的额外的"身体需求"。正念减压法可以帮助放缓事情并保持冷静。

● 问题思考

我怎样判断我的孩子参加了过多的活动？

孩子可能会抱怨太累，会要求更多的自由时间，或者到了参加活动的时候表现出不情愿。一个简单的原则是一次让孩子参加一项体育活动和一项社区活动。

正念减压法跟冥想和放松训练有何不同？

冥想的形式有很多中，正念减压法是其中一种。冥想的常见方法，也是大多数人听到冥想会联想到的，就是静坐，默念一段咒语或者重复一段有意义的话，可以是小声对自己重复也可以是大声念出来。这样做的目标是让自己从当下抽离出来，创造一种"放空"的大脑状态。相比之下，正念减压法鼓励对环境，对身体感官、感受和想法的积极察觉。正念减压法的目标是关注当下，把过去和未来抛诸脑后只关注于当下。正念减压法可以在行走中、坐着或者躺下时进行。

放松训练是关注在放松这一个目标上，通常包括呼吸练习或者肌肉放松。正念减压法，虽然会带来放松的效果，但是不以放松为首要目标。相比之下，正念减压法的目标是关注当下并增强意识。

正念减压法有哪些好处？

大部分对于正念减压法的好处研究的研究对象是成年人。临床学家已经开发出采用正念减压法的技巧去减轻压力并缓解长期的痛苦。另外，正念减压法也被用于治疗例如焦虑、抑郁、人际关系界限混乱、饮食混乱和上瘾的问题。加州大学洛杉矶分校的教授弗拉克斯曼和弗鲁克总结了以下正念减压法对成年人的好处：

· 经常练习正念减压法的人，大脑中注意力和感官处理区域会更发达。

· 正念减压法的高阶使用者比初级使用者会有更高层面的同理心（情商能力之一）。

· 初级使用者的大脑积极情感（幸福）区块会有更大的反应。

· 经历了五天练习的大学生面对压力任务时，压力荷尔蒙皮质醇会更加快速地下降。

· 练习正念减压法的夫妻会更加亲密，有更多的满足感，更能够接受对方。

· 有发展障碍孩子的父母通过正念减压法增加了育儿满足感和与孩子的交流互动，还降低了压力值。另外，孩子的行为表现也有所提高，表现为冲动和抱怨行为的减少。

· 正念减压法可减少抑郁症的复发率。

· 药物试验者增加了他们的同理心，减少了对他人产出负面情绪的频率，也降低了自己的压力。

儿童研究

虽然正念减压法对儿童作用的研究尚未发展成熟，有些早期儿童研究表明儿童也会从多个方面获益，包括焦虑和抑郁的减少、优质睡眠的增加、注意力的提高、冲动的控制和更好地面对临床试验情境。采用正念减压法的学校，学生打架事件减少，学生提高了冲动控制。弗拉克斯曼和弗鲁克还总结了现有的儿童研究报告：

· 练习正念减压法的儿童，老师表明他们的焦虑症状有所减少，学业表现有所提高。

· 有行为混乱表现的儿童——表现特点为不服从和愤怒的增加——会通过疗法减少冲动行为。

· 患有多动症的青少年参加过正念减压法培训后症状会有所缓解。

· 参加了为期五周的正念减压法和太极混合项目的中学生变得更加平静也提高了睡眠质量。

· 学龄前儿童也从正念减压法训练中有所收获。研究人员从针对学龄前儿童和小学生的为期八周的训练项目中发现，最不受约束的儿童在管理自己的情绪和行为反应方面进步最大——相比不参与和已经有良好约束的儿童。

在情商测试中，有效地训练正念减压法会表现为更高水平的情绪自我意识、更有效的情绪表达、更好的压力忍受度和冲动控制。

建立正念减压法的方式有哪些？

正念减压法包括观察、描述和参与的能力。可以是关注在一件物品、环境、一种身体感官、感受或者想法上，当难度增加孩子会更加关注于内在想法。正念减压法的一个关键是不加以评价的参与。有了这些指标，孩子可以开始专注于环境中的某件物品或者事情（例如，月亮、树、花等等）。

观察物品

想想什么物品最适合你的孩子。比较被动的孩子也许还想在正念减压法中加入静坐。在孩子面前放置一件物品并且让孩子观察这个物品，大声地（对年龄较小的孩子）描述这个物品或者写在日志上（对于年龄较大的孩子）。较为积极的孩子可能更喜欢参与一次正念减压散步，绕着花园看看花草、汽车或者是从房子不同角度看到的景色。

● 要点提示

除非家长自身积极参与到正念减压法当中，否则很难有效地教导孩子进行练习。你可以选择寻求当地专业人士的帮助。

观察环境

同样，选择孩子会感兴趣或者符合孩子性格的环境。喜欢星星的孩子可以通过望远镜或者跟父母一起坐在室外看星星。家长可以带孩子去花园散步或者去动物园，停在猩猩参观区，对猩猩的行为进行 5 到 10 分钟的观察。同样，目标很明确是将大脑放空，清空昨天发生的或者将要发生的事情，然后观察并描述当下的环境。孩子的练习应该不受到任何评价，所以当他们的注意力专注在自身的时候他们会掌握如何对自己不加以评价地描述。换句话说，相比说猴子很"友好"，孩子会开始描述看到的猴子的行为。也许孩子注意到一只猴子正在给另一只同伴梳理毛发或者有一只猴子靠近笼子的边缘面对着他。

观察身体功能

这种类型的正念减压法练习指的是孩子关注自己的身体，通常要么是关注在肌肉运动或者感官上。这可以在任何条件下进行，包括散步的时候。一次专注于一个特定的身体部位或者一种感官上是更为有效的，例如走路的时候双脚的感觉或者经过花园时候的嗅觉感官。目标是完全专注于当下并观察自己的感官，然后不加以任何评价地进行描述。

练习正念减压法的儿童可能能够做到将感官注意力放在呼吸上，这是需要练习掌握的。如果孩子进行恰当的呼吸，身体胃部的区域会随着肺对空气吸入和呼出而有所起伏。紧张会让胸部肌肉控制你的呼吸。跟孩子一起坐在一个轻松安静的环境，你和孩子一起专注于自己长而慢地呼吸时胃部区域的起伏。孩子会注意到什么？如果你进行的是正确呼吸，你会发现你的指尖会越来越暖。提高呼吸会扩张血管，让身体内的血液以极限值流动。

专注于想法和感受

将注意力放在想法和感受上是最难掌握的正念减压类型。但是，这会帮助孩子进行有意识的"自我对话"。消极或积极的想法和感受有没有更频繁地进入你的思维？是消极的想法先产生，然后随之而来是消极的情绪，还是，对消极情绪的意识（例如，焦虑）先产生然后随之而来是至关重要的自我对话（例如，如果我很紧张我就会做不好）？

对想法和感受的正念减压与压力忍受章节的内容有所相似。首先，都要求孩子有对自我对话的意识。其次，都会帮助我们理解消极的想法可能会产生消极的感受。最后，专注于想法和感受的正念减压法与压力忍受方法相结合会战胜我们不理智的想法，会提高孩子有效自我对话的能力，会减小压力并提高自我尊重。

附录一：孩子的情商

这个情商测试量表还不具有可靠性和有效性。但是，通过对测试量表中问题的思考，家长能够发现孩子有待提高的情商能力部分。将这个量表视为一种工具，而不是测试孩子情商高低的测试方法。孩子越多地表现出量表中描述的行为，越能够说明他的情商能力是全面发展的。问题的排序与本书的章节主题一致，但有部分问题不适用于 3 岁或 3 岁以下的孩子。

我的孩子……

1. 可以发现自己的情绪。

2. 可以发现自己有哪些不足。

3. 喜欢自己本来的样子。

4. 对活动展现出积极性和兴趣。

5. 告诉我自己的情绪感受。

6. 使用例如"生气"或者"开心"的情绪词汇。

7. 自己挑选衣服。

8. 与家长分离不会感到焦虑，并能够接受其他熟人的陪伴。

9. 告诉我自己的喜好。

10. 以适当的方式对其他孩子提出反对意见。

11. 很容易能交到朋友。

12. 喜欢邀请朋友一起玩。

13. 理解为什么其他人会想要一件玩具。

14. 在你哭的时候尝试安慰你。

15. 配合指示。

16. 遵循团队的规则。

17. 会跟你谈论遇到的问题和可能的解决方案。

18. 理解行为会产生后果。

19. 保持好奇心。

20. 抵抗得住过量饮食的冲动。

21. 避免对他人的言语冲撞。

22. 即使在没有东西可玩的时候，也可以安静地等待。

23. 适应家庭作息和日常安排的改变。

24. 毫无压力地从一项活动转到下一项活动。

25. 面对压力保持冷静。

26. 面对压力时向你或者他人寻求帮助。

27. 相信"我能够"而不是"我不行"。

28. 即便受到打击也不放弃。

29. 经常微笑。

30. 享受人生。

附录二：情绪表格

指引：对家长来说，理解孩子的情绪，情绪的强度和引发情绪的原因都是很重要的。下面的表格会帮助你量化孩子的情绪和情绪强度。记住，情绪表达可以是轻微的或者强烈的。有时候性格好的孩子的情绪表达会比较轻微，而因此被他人忽略，包括他的父母。另外，虽然强烈的情绪表达（例如，暴怒和恐惧）是容易被发现的，但是家长还是希望只有一小部分事情会频繁激起孩子这样强烈的情绪。接下来介绍的表格列举了几种主要情绪和情绪的不同强度表达。给孩子一周的时间，观察并尽量记录孩子在这段时间内的情绪。可以参照下面的例子。

情绪

生气	闹心	生气	暴怒
焦虑（害怕）	担忧	忧心	惧怕
尴尬	自我意识	尴尬	感到被羞辱
受挫	被激怒	受挫	恼羞成怒
内疚	后悔	懊悔	无法原谅自己
幸福	开心	喜悦	狂喜
伤心	低落	难过	绝望

例子

日期	情绪 / 强度	引发情绪的原因	孩子的行为
2012 年 10 月 22 日	受挫	出门参加足球赛前要给小妹妹换尿布	不停地重复"我们能不能出门了?"
2012 年 10 月 22 日	狂喜	比赛得分	大笑、与队员击掌庆祝、看向观众席的家长上蹦下跳
2012 年 10 月 22 日	低落	团队输掉比赛	低着头不说话
2012 年 10 月 22 日	生气	足球比赛结束后不允许去朋友家玩	拖拉着脚步、插着手不愿意走